사찰음식 이야기

자연에서 만나는 건강한 힐링푸드

묵신스님
강시화
이여진
공저

ⓑ (주)백산출판사

머리말

출가 수행자로 산다는 것은 참으로 감사하고 행복한 일이다.

늘 자연과 마주하면서 여여한 마음으로 평온을 찾는다.

눈에 보이는 대로, 귀에 들리는 대로, 코로 냄새를 맡는 대로, 혀로 맛보는 대로, 뜻을 알아가는 대로, 그냥 물처럼 바람처럼 흘러가는 대로 맡기고 살아간다.

수행자의 삶이란 드러나지 않고 있는 듯 없는 듯 흘러가는 구름과 같은 것이다.

세월이 지날수록 단순하고 간소하게 번거롭고 복잡한 것은 부담스러워진다.

사찰음식을 대하는 마음가짐도 그러하다.

양념도 식재료도 간소하고 간결하다.

화학조미료도 없고 인스턴트, 식품첨가제도 없다.

있으면 있는 대로 없으면 없는 대로 계절에 맞게 만드는 것이 사찰음식인 것이다.

그저 이 음식이 몸과 마음을 잘 다스려서 청정한 마음과 건강한 육신으로 수행에 걸림이 없어야 한다.

누군가에게는 특별한 음식이 될 것이고 아픈 이에게는 좋은 약이 되는 음식이며 체중을 줄여야 하는 사람에겐 다이어트 음식이 될 것이며 배고픈 이에게는 가슴까지 따뜻한 음식이 될 것이다.

10년 전 사찰음식을 강의해보라고 도반 스님의 제의가 왔을 때 참 많이 망설였던 기억이 난다.

사찰음식을 은사스님께 배우고 공양 올린 것이 전부이며 강원에서 소임 살면서 만든 음식이 전부인데 남들 앞에서 전달할 수 있을까 하는 의구심이 컸다.

그런 나에게 늘 울림과 용기를 주는 도반 스님 덕분에 용기를 내고 지금까지 사찰음식을 연구하고 강의를 하고 있다.

형형색색의 음식과 기름진 음식이 유혹하는 세상에서 사람들은 별 생각 없이 먹는다.

왜 이 음식을 먹어야 하는지 스스로에게 물어볼 일이다.

왜 알 수 없는 병들이 오는지 스스로에게 물어볼 일이다.

조금만 음식에 대한 욕심을 내려놓고 음식을 대하면 분명 가벼워진 몸과 맑고 건강한 정신을 갖게 될 것이다.

사찰음식을 통해서 많은 사람들과 소통하면서 생활습관과 식습관을 조금씩 바꿔나가는 모습을 보면서 무한한 보람과 감동을 느낀다.

난 오늘도 사찰음식을 대하면서 매일 매일 부처님을 만난다.

사찰음식 연구소에서

묵신 합장

차례

〈오관계〉

이 음식이 어디서 왔는가
내 덕행으로 받기가 부끄럽네
마음의 온갖 허물을 모두 버리고
육신을 지탱하는 약으로 알아
도업을 이루고자 이 공양을 받습니다.

사찰음식

표고버섯밥

재료 및 분량

쌀 3컵, 당근 1/3개, 브로콜리 1/2송이
- **양념장** : 청·홍고추 1개씩, 청장 4큰술, 조림간장 1큰술, 들기름 1큰술, 통깨 1큰술, 채수(표고버섯, 다시마, 무 우린 물) 3큰술, 우엉 다진 것 3큰술
- **표고·우엉볶음** : 건표고버섯 15개, 우엉 1/2개, 들기름 1큰술, 식용유 1큰술, 청장 2큰술

만드는 법

❶ 표고버섯은 충분히 불려서 얇게 저며 채를 썰고 우엉은 씻어 짧고 고운 채로 썬다.

❷ 당근, 청·홍고추, 우엉은 곱게 다지고 브로콜리는 데쳐서 곱게 다진다.

❸ 팬에 들기름과 식용유를 두르고 표고버섯과 우엉채를 볶은 다음 청장을 넣고 볶는다.

❹ 쌀을 앉히고 표고버섯 우린 물과 채수를 붓고 보통 밥을 할 때보다 물을 적게 넣고 표고버섯·우엉볶음을 얹고 다진 당근을 섞어서 밥을 하고 밥이 다되면 다진 브로콜리를 섞어서 밥을 푼다.

❺ 팬에 들기름을 두르고 우엉 다진 것을 채수를 부어가면서 볶아 재료를 넣고 건더기가 많은 양념장을 만든다.

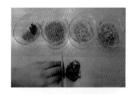

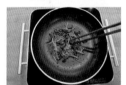

연잎밥

재료 및 분량

연잎 3장, 생찹쌀 3컵, 땅콩 1/3컵, 대추 6개, 호박씨 1/4컵,
은행 20알, 잣 1/4컵, 흑임자 2큰술, 소금 1작은술, 물 1/3컵

만드는 법

❶ 찹쌀은 깨끗이 씻어 3시간 불린 다음 찜솥에 김이 오르면 넣고 센 불에서
   30분간 찐다.

❷ 땅콩은 깨끗이 씻어 한 번 삶아내고 대추는 돌려깎아 도톰하게 채를 썬다.

❸ 호박씨는 볶고 은행은 기름을 넣고 볶아 키친타월로 껍질을 벗기고 물에
   한 번 씻는다.

❹ 1차 찐 찹쌀에 소금물을 뿌려 골고루 섞은 다음 땅콩, 대추, 호박씨, 은
   행, 잣, 흑임자 등을 섞고 연잎으로 싸서 1시간 정도 찐다. (연향이 많이
   나도록 하려면 2시간 정도)

시래기밥

재료 및 분량

쌀 2컵, 시래기 200g, 건표고버섯 5개, 된장 1큰술, 청장 1큰술, 들기름 1큰술,
들깨가루 1큰술, 채수
- **양념장** : 청고추 2개, 홍고추 1개, 청장 4큰술, 두부편 1쪽, 배 1/5개, 참기름 1큰술,
  통깨 1큰술, 채수 2큰술

만드는 법

❶ 쌀은 충분히 불린다.
❷ 시래기를 송송 썰고 버섯도 다진 다음 양념해서 한 김 올린 후 밥을 한다.
❸ 양념장을 곁들여낸다.

두부김밥

재료 및 분량

김 10장, 두부 1/2모, 당근 1개, 표고버섯 10개, 무피클 10개, 시금치 1단, 우엉 1대, 참기름, 올리고당, 올리브유, 생강가루, 조림장
- **두부조림** : 조림장 2큰술, 물 2큰술, 올리고당 1큰술, 생강가루 약간

만드는 법

❶ 두부는 두께 1cm 정도로 썰어 구운 다음 김밥에 들어가는 크기로 막대형으로 썰어 조림장 2큰술, 물 2큰술, 올리고당 1큰술, 생강가루를 넣고 부서지지 않게 조린다.

❷ 당근은 채를 곱게 썰어 끓는 물에 소금을 조금 넣고 살짝 데쳐 참기름 1큰술, 소금 1/2작은술을 넣고 무친다.

❸ 표고버섯은 불려서 슬라이스하여 들기름, 올리브유 각 1큰술씩을 프라이팬에 넣고 충분히 볶은 다음 조림장 3큰술, 올리고당 1~2큰술, 생강가루 조금을 넣어 노릇할 때까지 볶는다.

❹ 무피클은 단무지 크기로 썰어 유리통에 담아 치자물 2컵, 식초 1½컵, 설탕 1⅓컵, 소금 1큰술을 넣고 끓여서 뜨거울 때 부어 김이 빠져나가기 전에 빨리 덮고 24시간 실온에 두었다가 냉장보관한다.

❺ 시금치는 깨끗이 씻어 소금을 약간 넣고 데쳐서 참기름 1큰술, 소금 넣고 무친다.

❻ 우엉은 채칼로 곱게 썰어 들기름, 올리브 각 1큰술씩을 프라이팬에 넣고 볶다가 숨이 죽으면 조림장 2큰술, 올리고당 1~2큰술, 생강가루 1/4작은술을 넣고 물기 없을 때까지 조린다.

❼ 밥을 고슬하게 지어 참기름, 소금을 넣고 버무린다.

❽ 김에 밥을 고르게 펴 두부, 당근, 표고버섯, 무피클, 시금치, 우엉 등을 올리고 만다.

※ 김밥 고명은 비빔밥, 잡채 고명으로 사용해도 좋다.

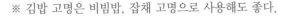

장아찌김밥

재료 및 분량

밥 3공기, 김 5장, 묵은지 10장, 직사각형 유부 5장, 방풍장아찌(또는 깻잎장아찌) 30g,
고추장아찌 6개, 쌈무 12장

만드는 법

❶ 김은 세로로 2등분하고 묵은지는 김 길이에 맞춰 세로로 썬다.

❷ 쌈무는 물기를 꼭 짜고 직사각형 유부는 길이가 긴 쪽으로 2등분해서 양
   끝을 날린 다음 펴주고 쌀뜨물이 끓으면 조리로 눌러 삶아 찬물에 헹궈
   물기를 제거한다.

❸ 방풍장아찌는 물기를 제거하고 고추장아찌는 반으로 갈라서 사용한다.

❹ 밥을 고슬하게 지어 참기름, 소금을 넣고 버무린다.

❺ 쌈무에 매실장아찌, 고추장아찌를 각각 넣어 돌돌 말고 유부에 방풍장아
   찌를 넣고 돌돌 만다.

❻ 김 1/2장에 밥을 전체로 골고루 펴고 묵은지, 쌈무, 유부를 올린 후 단단
   하게 만다.

❼ 김 표면에 참기름을 바른 다음 썰어서 접시에 담는다.

유부초밥

재료 및 분량

밥 3공기, 유부 18개, 당근 1/4개, 오이 1/2개, 건표고버섯 2장, 우엉 1/3개
- **배합초** : 식초 6큰술, 설탕 3큰술, 소금 1/2작은술(매실식초일 경우 매실식초 6큰술, 소금 1/2큰술)
- **유부조림** : 다시마 1/2컵, 조림간장 2큰술, 설탕 1큰술, 올리고당 1큰술
- **표고버섯 · 우엉조림** : 조림간장 1큰술, 올리고당 1큰술, 생강가루 약간, 들기름 · 식용유 각 1큰술씩

만드는 법

❶ 유부는 쌀뜨물에 데쳐 기름기를 제거하고 찬물에 행궈 물기를 제거하고
대각선으로 자른다.

❷ 채수, 조림간장, 설탕, 올리고당이 끓기 시작하면 데친 유부를 넣고 저어
가며 조린다.

❸ 당근과 오이는 곱게 다지고 표고버섯과 우엉은 곱게 다져서 기름 두른 팬
에 볶은 다음 조림간장을 넣어 스며들면 올리고당과 생강가루를 넣는다.

❹ 소금, 식용유 1큰술, 다시마 1장을 넣어 고슬하게 밥을 지어 참기름, 통깨
넣어 버무리고 배합초를 넣어 섞는다.

❺ 준비한 재료를 모두 버무려 밥을 동그랗게 빚어 조린 유부를 뒤집어 씌
운다.

※ 밥을 다 지은 다음 소금, 참기름을 넣어서 고루 섞이게 주걱을 세워서 섞
어준다.

무말랭이톳밥

재료 및 분량

쌀 3컵, 무말랭이 100g, 톳 2큰술, 표고버섯 3장, 들기름 2큰술, 청장 2큰술,
표고버섯가루 1큰술
- **양념장** : 배 1/4개, 청 · 홍고추 2개씩, 청장 4큰술, 고춧가루 1큰술, 통들깨 1큰술,
  매실청 1/2큰술, 채수 2큰술

만드는 법

❶ 무말랭이는 깨끗이 씻어서 물기를 빼고 채수에 담가서 불린다.

❷ 톳은 깨끗이 씻어서 두고 표고버섯은 불려서 굵게 다진다.

❸ ❶, ❷를 합해서 들기름, 청장, 버섯가루에 조물조물 무쳐서 밥을 한다.

❹ 양념장은 배를 강판에 갈아서 넣고 청 · 홍고추도 다져서 넣고 청장, 고춧
  가루, 통들깨, 매실청, 채수를 넣고 양념장을 만든다.

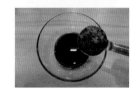

취나물유부주머니

재료 및 분량

사각유부 15장, 삶은 취나물 100g, 감자(중) 1½개, 두부 1/2모, 홍 · 황파프리카 1/2개씩,
참기름(또는 들기름) 1큰술, 통깨 약간, 소금 1/2작은술
- **유부양념** : 올리고당 1큰술, 참기름(또는 들기름) 1큰술, 조림간장

만드는 법

❶ 쌀뜨물에 유부를 데치면서 체로 눌러 기름기를 빼고 찬물에 헹궈 물기를
  제거하여 옆으로 반을 자르거나, 삼각으로 반을 자른다.

❷ 취나물을 데쳐서 다지고 감자는 3~4등분으로 나눈 다음 삶아 으깬다.

❸ 두부는 물기를 제거하여 으깨고 파프리카는 씨를 빼고 채를 썰어 작게 깍
  뚝썰기를 한다.

❹ 감자와 두부 으깬 것에 소금 간을 하고 섞이도록 잘 치대고 취나물, 청장,
  참기름을 넣고 주물러 섞고 파프리카는 마지막에 섞어 물기가 생기지 않
  도록 한다.

❺ 유부는 조리지 않고 유부양념에 조물조물 무쳐서 유부를 뒤집어 소를 둥
  글게 빚어 넣는다.

❻ 사각 접시에 올리브유와 식초로 버무린 어린잎 채소를 깔고 산딸기로 장
  식하고 유부주머니를 올려서 발사믹 소스나 복분자 소스로 장식한다.

청국장 소스를 곁들인
더덕 · 마말이

재료 및 분량

더덕 3뿌리, 마(30cm) 1/2개, 당근 1개, 오이 1개, 톳 30g, 밥 3공기
- **더덕양념** : 식초 2큰술, 설탕 1큰술, 소금 약간
- **마양념** : 치자물 1컵, 식초 2큰술, 설탕 1큰술, 소금 약간
- **당근양념** : 식초 2큰술, 설탕 1큰술, 소금 약간
- **오이양념** : 식초 2큰술, 설탕 1큰술, 소금 약간
- **톳양념** : 참기름 1큰술, 청장 1큰술
- **청국장 소스** : 청국장 100g, 청양고추 2개, 통깨 1큰술, 된장 1큰술, 아몬드 · 호박씨 1큰술씩,
  들기름 1큰술, 올리브유 1큰술, 올리고당 1큰술(또는 아가베시럽), 생강가루 약간,
  레몬즙 1큰술, 매실식초 1큰술, 청장

만드는 법

❶ 오이, 당근, 마, 더덕은 필러로 슬라이스하여 각각 양념을 해두고 나머지
   는 0.3cm 크기로 다진다.

❷ 톳은 소금물에 데쳐서 바락바락 치대어 씻어 다져서 참기름, 청장으로 밑
   간을 한다.

❸ 양념한 더덕, 마, 당근, 오이는 체에 건져 물기를 제거한다.

❹ 밥에 오이, 당근, 마, 톳 다진 것과 소금을 섞어서 모양을 잡아 ❸의 재료
   로 돌돌만다.

❺ 돌돌 말아 놓은 재료 위에 청국장 소스를 올린다.

※ 청국장 소스에 올리브유를 많이 넣으면 샐러드 소스로도 좋다.
※ 청국장 소스를 피자 소스로 이용해도 색다른 맛이다.

가지볶음덮밥

재료 및 분량

가지 2개, 청양고추 3개, 황·홍파프리카 1/2개씩, 표고버섯 5장, 채수 2컵,
전분 1큰술, 집간장 큰술, 들기름·식용유 1큰술씩, 표고버섯가루 1/2큰술,
참기름 1큰술, 올리고당 2큰술

만드는 법

❶ 가지는 어슷썰기하여 팬에 굽는다.

❷ 파프리카, 고추는 작은 크기로 깍뚝썰기를 한다.

❸ 표고버섯은 불려서 깍뚝썰기하여 기름을 두르고 볶는다.

❹ ❸에 채수를 붓고 은근하게 끓인 다음 올리고당, 표고버섯가루를 같이 넣고 끓인다.

❺ 버섯에 향이 나면 구운 가지를 넣고 잠시 끓인 다음 전분을 섞는다.

❻ ❺에 깍뚝썰기한 야채를 넣고 참기름을 넣고 불을 끈다.

두부야채
카레덮밥

재료 및 분량

카레가루 100g, 당근(소) 1개, 호박 1/2개, 감자 1개, 두부 1/2모, 버섯 3개, 콩 1/2컵,
채수 4컵, 강황 1큰술

만드는 법

❶ 카레가루는 강황과 채수에 개어둔다.
❷ 모든 야채와 버섯은 깍둑썰기를 하고 팬에 기름을 두르고 볶는다.
❸ ❷에 채수를 붓고 야채가 익으면 개어둔 카레가루를 넣고 잘 저어준다.
❹ 두부는 깍둑썰기하여 튀겨서 넣는다.

단호박영양죽

재료 및 분량

단호박 1/2개, 생수 2컵, 두부 1/2모(210g), 들깨가루 1큰술, 찹쌀가루 4큰술,
우유 1/2컵, 소금 약간

만드는 법

❶ 단호박 껍질을 필러로 벗겨 생수를 넣고 삶는다.
❷ 삶은 단호박, 두부, 들깨가루, 찹쌀가루, 우유를 넣고 곱게 간다.
❸ 냄비에 담고 주걱으로 눋지 않도록 저어주면서 완성한다.

※ 옹심이를 삶아서 찬물에 씻어 띄우려면 우유를 더 많이 넣고 묽게 만들면
   된다.

팥죽

재료 및 분량
팥 3컵, 물 20컵, 불린 쌀 2컵, 찹쌀가루 3컵, 멥쌀가루 1컵, 소금 약간

만드는 법
❶ 팥은 깨끗이 씻어 팥이 잠길 정도로 물을 붓고 5분간 끓여 첫물은 버린다.

❷ 냄비에 팥을 넣고 팥의 4배 분량의 물을 붓고 은근하게 끓여 팥이 뭉그러지면 불을 끄고 5분간 뜸을 들인 다음 식힌다.

❸ 팥을 소쿠리에 담아 손으로 슬슬 문지르며 내리고 남은 건더기는 조금씩 찬물을 부어가면서 거른다.

❹ 찹쌀가루와 멥쌀가루를 섞어 익반죽하여 옹심이를 만든다.

❺ 냄비에 ❹를 넣고 서서히 저어주면서 끓이고 팥물이 끓기 시작하면 불린 쌀을 넣어 어느 정도 퍼지면 옹심이를 넣고 떠오를 때까지 저어가면서 은근하게 끓여주고 마지막에 소금 간을 한다.

※ 묵은 팥은 반나절 정도 불리고 햇팥은 불리지 않아도 된다.
※ 사찰에서는 묵은 해를 보내고 새해를 맞이하는 의미로 동지 팥죽을 먹는다. 겨울에 음의 기운이 왕성할 때 양의 기운인 팥을 먹으므로 조화를 이룬다.

◈ 팥죽의 유례 ◈

신라시대 지귀가 선덕여왕을 사모하여 선덕여왕이 황룡사 행차하던 중 돌아오는 길에 만나기로 하였으나 기다리지 못하고 애가 타서 죽어 온갖 나쁜 짓을 하므로 붉은 팥죽을 뿌려서 지귀를 쫓았다는 유례가 있다.

깻잎죽

재료 및 분량

쌀 1컵, 물 6컵, 깻잎 15장, 당근 1/2개, 들깨가루 2큰술, 소금 약간

만드는 법

❶ 쌀을 볶을 때 물을 조금씩 첨가하면서 볶고 물을 6배 넣어 끓인다.

❷ 깻잎은 채를 썰고 당근은 채를 썰어 다진다.

❸ 죽이 어우러지면 당근을 넣고 익을 무렵 들깨가루를 넣고 풀어준 다음 깻
잎을 넣고 뚜껑을 덮은 후 5분간 둔다.

❹ 소금으로 간을 한다.

연근마죽

재료 및 분량

연근 1개, 쌀 1컵, 마 1/2개, 물 6컵, 소금 약간, 견과류 약간, 대추 1개

만드는 법

❶ 연근은 강판에 간다.

❷ 마도 갈아서 두고 쌀은 충분히 불린 후 믹서에 거칠게 갈아놓는다.

❸ 쌀을 먼저 넣고 저어가면서 끓이다가 쌀이 투명해지면 연근, 마를 넣고 계속 저으면서 한소끔 더 끓인 다음 그릇에 담고 견과류를 고명으로 얹는다.

비빔국수

재료 및 분량

소면 200g, 새송이버섯 2개, 콩나물 100g, 참나물(또는 쑥갓) 50g, 오이(또는 오이지) 1개,
적채(또는 어린잎) 50g

- 소스 : 사과 1/4개, 홍파프리카 1개, 올리고당 2큰술, 고추장 3큰술, 고운 고추가루 1½큰술,
  참기름 1큰술, 생강가루 1/2작은술, 매실식초(사과식초 3큰술+매실청 3큰술) 6큰술,
  조림간장 1큰술, 통깨 1큰술

만드는 법

❶ 새송이는 채를 썰어 살짝 데쳐 물기를 제거하고 적채는 채를 썰어 물에
헹궈 물기를 제거한다.

❷ 콩나물은 비린내가 나지 않도록 살짝 데치고 쑥갓은 잎만 뗀다.

❸ 사과, 파프리카, 복숭아, 매실식초를 넣고 믹서에 갈아 고추장, 고운 고춧
가루, 조림간장, 생강가루를 넣어 소스를 만든다.

❹ 소면을 삶아 참기름으로 버무리고 소스를 넣고 고루 섞는다.

※ 소스는 냉장고에 한나절 숙성시키면 맛이 더 좋고 쫄면 소스로 이용해도
좋다.

삼색밀전병
냉국수

재료 및 분량

- **연잎 밀전병** : 우리밀 1컵, 연잎가루 1작은술, 전분 1큰술, 소금 약간, 생수 1½컵
- **치자 밀전병** : 우리밀 1컵, 치자물 1½컵, 전분 1큰술, 소금 약간
- **비트 밀전병** : 우리밀 1컵, 비트 30g, 전분 1큰술, 소금 약간, 생수 1½컵,
  배 1/2개, 황기 우린 물 3컵, 식초 3큰술, 슈가파우더 1작은술,
  소금 약간, 비트 50g, 오이 1개

만드는 법

❶ 비트는 즙을 내고 치자는 반으로 갈라 물을 우려낸다.

❷ 연잎가루, 치자물, 비트즙에 각각의 재료를 넣고 밀전병 반죽을 한 후
  30~60분간 미리 숙성시킨다.

❸ 배는 즙을 내고 고명으로 올릴 비트, 오이는 채를 썬다.

❹ 밀전병을 부쳐서 식으면 채를 썬 다음 냉장고에 잠시 넣어둔다.

❺ 황기 우린 물, 배즙, 식초, 슈가파우더, 소금 간을 한 다음 냉장고에 시원
  하게 두었다가 밀전병 냉국수에 붓고 비트, 오이를 고명으로 얹어낸다.

물냉면

재료 및 분량

냉면국수, 냉면국물(채수 사용)

- **채수** : 다시마(20cm) 2장, 건표고버섯 7장, 배 1개, 무 1/3개, 물 2~3ℓ, 사과, 청장
- **무김치** : 무 1/2개, 매실액 1/2컵, 매실식초 1/2컵, 홍파프리카 2개, 소금 1작은술
- **오이김치** : 오이 2개, 매실액 1/4컵, 매실식초 1/4컵, 소금 약간
- **냉면고명** : 무·오이김치, 표고버섯 10개, 올리브유 1큰술, 들기름 1큰술, 청장 2큰술, 참기름, 통깨, 토마토 1쪽
- **냉면국물** : 채수, 무김치국물, 오이김치국물, 매실식초 1/2컵, 매실청 1/2컵, 연겨자 2큰술, 소금

만드는 법

❶ 다시마, 건표고버섯, 배, 사과, 무를 냄비에 넣고 물을 부어 센 불에서 15분 간 끓인 다음 다시마는 건져내고 30분 정도 중·약불로 끓여서 건더기는 건져내고 체로 걸러 청장으로 간을 하여 채수를 준비한다.

❷ 무는 직사각형 편으로 썰기를 하여 매실식초, 매실액, 소금에 절여서 홍 파프리카즙을 넣고 무의 쓴맛이 강하다면 설탕을 넣고 무김치를 만든다.

❸ 오이는 길이로 4등분하여 씨를 도려내고 얇게 썰어 매실식초, 매실액, 소 금에 절여서 오이김치를 만든다.

❹ 표고버섯은 얇게 포를 떠서 곱게 채 썰어 올리브유, 들기름을 넣어 노릇 노릇할 때까지 볶으면서 청장으로 간을 하고 고명으로 사용하기 전에 참 기름과 통깨를 넣어 무친다.

❺ 무김치와 오이김치는 다 절여졌으면 건지는 건져내고 신맛이 부족하면 식초를 더 넣고 남은 물은 채수와 함께 섞어둔다.

❻ ❺의 국물에 매실식초, 매실청, 연겨자, 소금으로 간을 맞추어 냉면육수 를 만든다.

❼ 생면일 경우 끓는 물에 1분간만 삶아 재빠르게 건져 냉수에 행궈 사리를 지어둔다.

❽ 면 그릇에 사리를 담고 냉면육수를 붓고 고명을 올린다.

비빔냉면

재료 및 분량

냉면국수
- **양념장** : 사과 1/2컵, 표고버섯 7개, 올리브유 2큰술, 들기름 1/2컵, 고춧가루 1컵,
  조림간장 1/2컵, 청장 5큰술, 매실액 1/3컵, 올리고당 1/2컵, 통깨 2큰술,
  레몬즙 2큰술. 매실식초 1/4컵

만드는 법

❶ 무는 직사각형으로 편을 썰어 매실식초, 매실액, 소금에 절여서 홍파프리
  카즙을 넣고 무의 쓴맛이 강하다면 설탕을 넣어 무김치를 만든다.

❷ 오이는 길이로 4등분하여 씨를 도려내고 얇게 썰어 매실식초, 매실액, 소
  금에 절여서 오이김치를 만든다.

❸ 표고버섯은 곱게 다지고 사과는 갈아둔다.

❹ 올리브유를 두르고 다진 표고버섯을 넣고 물기가 없을 때까지 볶으면서
  들기름, 고춧가루를 넣고 검은 빛이 들 때까지 볶은 다음 사과 갈은 것을
  넣어 저어주고 청장, 조림간장을 넣어 끓으면 매실액, 조청, 올리고당을 넣
  고 다시 끓으면 매실식초, 레몬즙을 넣고 통깨를 넣어 양념장을 만든다.

❺ 생냉면일 경우 끓는 물에 1분만 삶아 냉수에 재빨리 헹궈 타래를 지운다.

❻ 냉면 그릇에 물냉면 국물을 조금 담고 타래 놓고 무ㆍ오이김치와 양념장
  을 올려 비빈다.

삼색감자만두

재료 및 분량

감자 5개, 표고버섯 5장, 두부 1/2모, 당근 1/4개, 숙주 100g, 묵은지 100g,
청·홍고추 1개씩, 참기름 1큰술, 소금 1/2작은술, 청장 1½큰술, 후추 약간
- **삼색** : 백년초가루 1/2작은술, 단호박가루 1큰술, 녹차가루 1/2큰술

만드는 법

❶ 감자는 강판에 갈아 건지는 따로 분리하고 물은 가만히 두어 녹말을 가라앉힌다.

❷ 표고버섯, 당근, 청·홍고추는 곱게 다지고 두부는 으깬다.

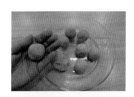

❸ 숙주는 살짝 데쳐서 송송 썰어 물기를 제거하고 묵은지는 씻어서 송송 썰어 물기를 짠다.

❹ 감자 건지와 가라앉힌 녹말에 소금을 넣고 섞고 3등분하여 삼색을 넣고 치댄다.

❺ 두부, 표고버섯, 당근, 숙주, 묵은지, 청·홍고추에 참기름, 청장, 후추를 넣고 만두소를 만든다.

❻ ❹의 감자를 납작하게 하여 만두소를 넣고 오무려 만두를 빚는다.

❼ 김이 오른 찜기에 10~12분 정도 찐다.

무쌈만두

재료 및 분량

무(또는 쌈무) 1/2개, 연근 150g, 표고버섯 3장, 홍·황파프리카 1/4개씩, 청양고추 1개,
단호박 70g, 두부 100g, 소금 약간, 전분 약간

만드는 법

❶ 무는 슬라이스해서 소금물에 담가 절여지면 물기를 제거하고 쌈무일 경
   우는 물에 담갔다가 건져 물기를 제거한다.

❷ 연근은 얇게 채를 썰어 다지고 표고버섯은 불려서 곱게 다져 들기름과 올
   리브유를 팬에 두르고 노릇노릇하게 볶아 청장으로 간을 한다.

❸ 파프리카와 청양고추는 다지고 단호박은 쪄서 으깨고 두부는 삶아 으깬다.

❹ 준비한 모든 재료를 합하고 소금과 청장으로 간을 해서 치대어 만두소를
   만든다.

❺ 무쌈 가장자리에 전분을 바르고 만두소를 넣고 반으로 접어 반달모양을
   만든다.

❻ 팬에 들기름을 두르고 살짝만 굽거나 한 김만 내도록 살짝 찐다.

※ 만두소를 섞을 때 견과류나 카레가루를 조금 넣어도 좋다.

묵나물김치만두

재료 및 분량

김치 1/2포기, 두부 1모, 건표고버섯 5장, 당근 1/4개, 숙주 200g, 시금치 1/2단,
묵나물 300g, 참기름, 들기름, 청장
• **만두피** : 밀가루 1컵, 물 2/3컵, 소금 1작은술

만드는 법

❶ 만두피 반죽을 해서 비닐에 넣어 냉장고에서 하루 동안 숙성시킨다.

❷ 두부는 끓는 물에 5분 정도 삶아서 물기를 짜고 으깬 다음 소금 간해서
치대고 김치는 물에 한 번 헹궈서 다져서 짜고 참기름에 무친다.

❸ 표고버섯은 불려서 물기를 짜고 다진 다음 들기름, 청장을 넣고 볶고 숙
주, 시금치는 데쳐서 다진 다음 물기를 짜서 집간장, 참기름에 무치고 묵
나물은 송송 썰어서 물기를 짜고 청장, 참기름에 무쳐서 수분이 없을 때
까지 볶는다.

❹ ❷와 ❸을 모두 섞어서 만두소를 만든다.

❺ 만두피 반죽을 가래떡처럼 만들어서 칼로 썰고 밀대로 밀어 만두를 빚은
다음 찜기에 찐다.

※만두를 쪄서 냉동보관해 두고 만둣국도 쪄서 끓여야 터지지 않고 좋다.

애호박편수

재료 및 분량

애호박 2개, 표고버섯 3장, 홍고추 2개, 깨소금 1큰술, 소금 약간, 식용유 1큰술,
들기름 1큰술, 참기름 1큰술
- **만두피** : 우리밀 2컵, 전분 1/2컵, 소금물, 식용유

만드는 법

❶ 우리밀로 만두피 반죽을 해서 비닐에 넣어 냉장고에서 하루 동안 숙성시
킨다.

❷ 애호박과 표고버섯은 곱게 채를 썰어서 소금에 절여준 다음 물기를 짜고
기름을 두르고 볶고 홍고추는 2등분해서 씨를 빼고 다져 깨소금을 넣고
만두소를 만든다.

❸ 만두피 반죽을 밀대로 밀어서 사방 5cm 크기로 썰어 소를 넣고 만두를
빚은 다음 찜기에 찐다.

감자찜

재료 및 분량

감자 4개, 소금 약간, 청·홍고추 1개씩, 양대콩 50g

만드는 법

❶ 감자는 강판에 갈아서 물은 버리고 건더기에 녹말과 소금을 넣고 치댄다.

❷ 청·홍고추는 씨를 빼고 다진다.

❸ 양대콩은 설탕과 소금을 넣고 삶아서 건져둔다.

❹ 감자, 청·홍고추, 양대콩을 넣고 둥글납작하게 빚어서 찜기에 찐다.

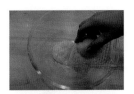

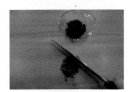

호박잎국

재료 및 분량

호박잎 300g, 생콩가루 1컵, 된장 2큰술, 청장 1큰술, 채수 7컵,
표고버섯가루 1/2작은술, 소금 약간

만드는 법

❶ 호박잎은 질기지 않게 섬유질을 벗겨 찢어서 콩가루를 입힌다.

❷ 표고버섯, 황기, 다시마를 넣고 끓여 채수를 만든다.

❸ 채수에 된장을 거르고 된장 국물이 끓을 때 콩가루를 입힌 호박잎을 넣는다.

❹ 호박잎이 뜨면 꾹 눌러 어느 정도 끓으면 넘지 않도록 불을 줄여 뚜껑을 덮고 푹 끓인다.

❺ 표고버섯가루를 넣고 청장으로 간을 한다.

※ 가루를 입히고 넣는 국은 끓기 전까지 젓지 않는다.

콩가루시래기국

재료 및 분량

시래기 400g, 콩가루 6큰술, 채수(다시마+표고버섯 우린 물) 8컵, 된장 2큰술,
청장, 들깨가루 2큰술

만드는 법

❶ 시래기는 쏭쏭 썰어 콩가루 옷을 입힌다.
❷ 냄비에 채수를 붓고 된장을 체에 걸러 끓인다.
❸ 된장물이 끓으면 시래기를 넣고 은근하게 끓인다.
❹ 청장으로 간을 한다.

가지냉국

재료 및 분량

가지 3개, 홍·황파프리카 1/4개씩, 청양고추 2개, 오이 1/2개

- **가지양념** : 집간장 2큰술, 매실식초 3큰술, 매실액 2큰술
- **냉채국물** : 채수 4큰술, 레몬즙 2큰술, 매실액 2큰술, 매실식초 3큰술,
  집간장 3큰술, 겨자 1큰술
- **마지막 양념** : 깨소금 1큰술, 소금 약간

만드는 법

❶ 가지는 폭 1cm로 길게 썰어 물을 자작하게 넣고 찐 다음 식혀서 가지양념
에 버무려 둔다.

❷ 오이는 어슷하게 썰어 곱게 채를 썰고 홍·황파프리카는 곱게 채를 썰고
청양고추는 곱게 다진다.

❸ 다시마, 표고버섯, 황기, 물을 넣고 끓으면 다시마를 건져내고 불을 약하
게 줄이고 오래 끓여 채수를 만든다.

❹ 식힌 채수에 레몬즙, 매실액, 매실식초, 집간장, 겨자를 넣고 냉채국물을
만들어 냉장고에 넣는다.

❺ 가지, 오이, 홍·황파프리카, 청양고추도 섞어서 냉장고에 넣는다.

❻ 먹기 전에 ❺에 냉채국물을 부어 깨소금과 소금 간을 하여 담아낸다.

감자옹심이쑥국

재료 및 분량

감자 5개, 쑥 100g, 콩가루 1컵, 들깨가루 2큰술, 채수 7컵, 된장 2큰술,
집간장 1큰술, 소금 1t, 전분 1/2컵

만드는 법

❶ 감자는 강판에 갈아 건더기는 물기를 짜고 앙금은 가라앉힌다.

❷ 건더기와 앙금에 전분, 소금을 넣고 동그랗게 옹심이를 빚어 전분을 입
  힌다.

❸ 쑥은 물기가 있을 때 콩가루를 넣어 고루 무친다.

❹ 채수에 된장을 풀어 넣고 끓으면 콩가루 입힌 쑥을 넣고 젓지 않는다.

❺ 옹심이가 떠오르면 들깨가루를 넣고 집간장으로 간을 맞춘다.

콩국옹심이

재료 및 분량

- **콩국** : 노란콩 2컵, 견과류(캐슈넛, 땅콩, 잣 등) 1/2컵, 소금 약간
- **옹심이** : 찹쌀가루 2컵, 소금 약간, 백년초가루(쑥가루, 단호박가루 등)

만드는 법

❶ 노란콩은 깨끗이 씻어 4~5시간 정도 불려서 그대로 냄비에 담고 뚜껑을 열고 불에 올려 8~9분 정도 삶는다.

❷ 삶은 콩은 체에 받쳐 콩물은 따로 식히고 콩은 껍질을 벗겨 준비한다.

❸ 콩, 견과류에 식힌 콩물을 붓고 믹서에 곱게 갈아서 소금 간을 한다.

❹ 찹쌀가루에 백년초가루를 넣고 표면이 매끈하도록 반죽해서 옹심이를 빚는다.

❺ 끓는 물에 옹심이를 넣고 끓어오르면 찬물을 1/2컵 정도 넣고 다시 끓어 떠오르면 건져서 얼음물에 완전히 식힌다.

❻ 콩국물에 옹심이를 띄워낸다.

배추콩가루국

재료 및 분량

배추 500g, 생콩가루 1컵, 된장 2큰술, 청·홍고추 1개씩, 채수 6컵,
표고버섯가루 1큰술, 소금 약간

만드는 법

❶ 배추는 씻어서 끓는 물에 데쳐서 먹기 좋은 크기로 찢어놓는다.

❷ 채수에 된장을 풀고 끓으면 배추에 생콩가루를 입혀서 넣고 청·홍고추
를 마지막에 넣고 간을 한다.

❸ 된장국은 은근히 끓이는 게 맛이 좋다.

감자옹심이

재료 및 분량

감자 10개, 채수 6컵, 애호박 1/3개, 표고버섯 3장, 다시마 1장, 집간장 1큰술,
소금 약간

만드는 법

❶ 감자는 껍질을 벗기고 강판에 갈아서 건더기와 물을 분리해서 물은 가라
  앉힌다.

❷ 맑아진 물은 버리고 앙금은 건지와 잘 치대어 소금을 넣고 옹심이를 만
  든다.

❸ 애호박은 굵은 채로 썰거나 반달로 썬다.

❹ 채수 끓일 때 넣은 표고버섯과 다시마는 건져서 채 썰어 둔다.

❺ 국물이 끓으면 옹심이를 넣고 떠오르면 애호박, 표고버섯, 다시마를 넣어
  서 한 번 더 끓인다.

❻ 마지막에 소금으로 간을 한다.

묵나물
김치만둣국

재료 및 분량

만두 5개, 표고버섯 1개, 당근 조금, 애호박 조금, 채수 3컵, 집간장 2큰술

만드는 법

❶ 불린 표고버섯은 채를 썰고 당근, 애호박은 막대모양으로 썬다.

❷ 채수가 끓으면 집간장으로 간을 맞추고 만두를 넣고 끓으면 표고버섯, 당근, 애호박을 넣고 한소끔 더 끓인 뒤 그릇에 담는다.

❸ 기호에 따라서 구운 김을 올린다.

채이장

재료 및 분량

취나물 또는 묵나물 150g, 고사리 50g, 도라지 100g, 팽이버섯 50g, 표고버섯 5개,
숙주나물 70g, 가지 1개, 능이버섯 30g, 당근 30g, 채수 5컵, 깻잎 30장, 집간장,
들기름, 참기름, 소금
- **양념** : 들깨가루 2큰술, 찹쌀가루 2큰술, 고추장 2큰술, 된장 1큰술, 고춧가루 2큰술,
  재피가루 1작은술, 표고버섯가루 1/2큰술

만드는 법

❶ 묵나물은 들기름, 집간장으로 양념해서 볶는다.

❷ 고사리는 들기름, 집간장으로 양념해서 볶는다.

❸ 도라지, 숙주나물은 참기름, 소금으로 무친다.

❹ 묵나물, 고사리를 먼저 냄비에 넣고 채수를 부어서 무르게 푹 끓인 다음
표고버섯, 도라지, 가지, 깻잎, 팽이버섯 순서로 넣고 푹 끓인다.

❺ 들깨가루, 쌀가루, 고추장, 된장, 고춧가루, 재피가루, 표고버섯가루를 넣
고 양념을 만든다.

❻ 양념을 넣고 한소끔 더 끓인 다음 재피가루를 넣는다.

봄나물누룽지탕

재료 및 분량

누룽지 200g, 우엉차물 6컵, 다시마(15cm) 1장, 봄나물(냉이) 100g,
생표고버섯(또는 송이버섯) 2개, 연근 1/3개, 집간장 1큰술, 소금 약간

만드는 법

❶ 냉이는 깨끗이 씻고 표고버섯은 도톰하게 편을 썰고 연근은 0.3cm 두께
로 편을 썬다.

❷ 냄비에 우엉차물을 붓고 집간장을 넣어 끓으면 누룽지를 넣는다.

❸ 누룽지가 끓으면 표고버섯, 냉이, 연근을 넣은 다음 보글보글 끓으면 소
금으로 간을 한다.

※ 손님이 오실 경우 끓으면 누룽지 넣었다 건져 두고 다른 야채를 넣어 마
무리하여 누룽지를 그릇에 담고 소스를 담아낸다.

※ 우엉차 대신 메밀차, 둥글레차, 녹차를 넣어도 좋다.

우엉탕

재료 및 분량

우엉 2대, 호박 1개, 표고버섯 3장, 채수 5컵, 들깨가루 1컵, 집간장 2큰술,
표고버섯가루 1/2큰술, 쌀가루 3큰술, 소금 약간, 들기름 1큰술

만드는 법

❶ 우엉은 어슷썰기를 한다.

❷ 호박은 깍뚝썰기를 하고 표고버섯은 저며 썬다.

❸ 들기름을 두르고 우엉을 볶다가 채수를 부어 한소끔 끓이고 호박, 표고버
　섯을 넣고 마지막에 들깨가루와 쌀가루를 섞어서 한소끔 끓여낸다.

마순두부버섯탕

재료 및 분량

마 1/2개, 순두부 500g, 표고버섯 2개, 팽이버섯 50g, 들깨가루 1큰술,
국간장 1큰술, 소금 약간, 순두부물 1컵, 채수 1컵

만드는 법

❶ 냄비에 채수를 넣고 끓으면 국간장을 넣는다.

❷ 순두부는 체에 밭쳐 물을 빼고 알갱이가 같도록 으깬다.

❸ 순두부가 끓으면 순두부물을 넣고 다진 마를 넣고 한소끔 더 끓이고 들깨
가루를 넣는다.

❹ 다진 표고버섯이나 팽이버섯 잘게 썬 것을 넣고 소금으로 간을 한다.

❺ 흑임자를 거칠게 갈아 넣기도 한다.

※ 마는 입자를 곱게 다진다.

※ 표고버섯을 쓸 경우 잘게 다져 순두부와 같이 넣는다.

※ 팽이버섯을 쓸 경우 잘게 잘라 마지막에 넣는다.

※ 마는 살짝만 끓여야 식감이 좋고 다져서 넣어야 엉기지 않는다.

애호박마찜

찜

재료 및 분량

애호박 2개, 마 1/2개, 두부 1/2모, 홍 · 황파프리카 1/2개씩, 흑임자 1작은술,
소금 약간, 전분 조금, 견과류(아몬드) 2큰술

만드는 법

❶ 애호박은 1.5cm 두께로 잘라 가운데 홈을 파고 소금을 살짝 뿌린 다음 전
  분가루를 묻힌다.

❷ 마는 갈아서 소금을 넣고 파프리카, 아몬드는 다진다.

❸ 두부는 으깨어 파프리카, 흑임자, 견과류, 소금을 넣고 섞어 ❷번을 넣고
  소를 만든다.

❹ 호박 가운데 소를 얹어 5분 정도 찐다.

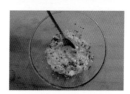

배추된장들깨찜

재료 및 분량

배추 1/2포기, 들기름 2큰술, 채수 2컵, 들깨가루 1컵, 찹쌀가루 1큰술,
된장 2큰술, 삼색파프리카(홍 · 청 · 황) 1/2개씩

만드는 법

❶ 배추를 길이로 길게 3등분을 한다.
❷ 냄비에 들기름을 두르고 배추를 볶다가 채수 1컵을 넣고 한 김 올라오면
   뒤집어주고 배추를 푹 익힌다.
❸ 채수 1컵에 들깨가루, 찹쌀가루, 된장을 넣고 풀어준다.
❹ 배추가 푹 익으면 ❸을 넣어 골고루 섞어주고 보글보글 끓으면 불을 끈다.
❺ 삼색파프리카는 0.5cm 크기로 다져 먹기 직전에 섞는다.

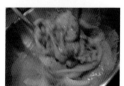

연근찜

재료 및 분량

연근 2개, 식초 1큰술

- **기름장** : 녹차가루 조금, 참기름 2큰술, 소금 조금
- **고명(연근잼)** : 연근 2개, 설탕 1컵, 과일청 1컵(매실청), 계핏가루 1큰술,
  소금 약간, 견과류 3큰술, 올리브유 2큰술

만드는 법

❶ 찜용 연근은 1cm 크기로 두툼하게 썰어서 식초물에 15~20분 정도 담갔
다가 찜기에 쪄서 식힌다.

❷ 녹차, 참기름, 소금을 넣고 섞어서 기름장을 만든다.

❸ 고명(연근잼)은 연근을 곱게 다져서 한 번 헹군 뒤 설탕, 과일청(매실액)
을 넣고 설탕이 녹으면 연근을 넣고 졸이다가 중간쯤 계핏가루를 넣고 은
근한 불에 저어가며 졸인 다음 소금 간을 하고 되직하게 졸여지면 견과류
를 넣고 마무리한다. 올리브유는 먹을 때마다 섞어서 먹는다.

❹ 찜용 연근에 기름장을 바르고 연근잼을 올려서 접시에 담아낸다.

두부선

재료 및 분량

두부 1모, 표고버섯 5장, 대추 5개, 당근 3쪽, 청 · 홍고추 1개씩, 감자 1개, 톳 30g
- **양념** : 소금, 청장, 참기름

만드는 법

❶ 두부는 칼등으로 으깨어 소금, 참기름으로 밑간하여 손으로 치댄다.

❷ 감자는 삶아서 뜨거울 때 으깨어 소금, 참기름으로 밑간을 해둔다.

❸ 대추와 당근은 곱게 다지고 표고버섯은 곱게 다져서 기름을 넣고 볶으면서 청장을 넣고 버섯향이 나고 낱낱이 떨어질 때까지 볶는다.

❹ 톳은 헹구어 체에 밭쳐 곱게 다진다.

❺ 청 · 홍고추는 곱게 다지고 당근도 곱게 다진다.

❻ 밑간한 두부와 감자를 섞고 손에 묻지 않을 때까지 오래 치대고 볶은 표고버섯, 다진 대추와 당근, 톳, 청 · 홍고추를 넣고 완자를 만든다.

❼ 찜기에 10분 정도 쪄서 한 김을 식힌다.

표고버섯감자찜

재료 및 분량

표고버섯 10개, 감자 3개, 청고추 2개, 홍고추 1개, 소금 약간, 황파프리카 1/4개,
청장 1큰술, 참기름 1큰술, 조청(올리고당) 1큰술, 후추 조금, 전분 조금, 홍고추(비트) 1큰술

만드는 법

❶ 건표고버섯은 불려서 물기를 짜고 양념에 버무려둔다.

❷ 청 · 홍고추는 씨를 제거한 다음 다진다.

❸ 감자는 강판에 갈아서 물기를 조금 짜고 녹말을 가라앉힌 다음 청 · 홍고
추와 소금을 섞는다.

❹ 표고버섯 안쪽에 전분을 바른 다음 감자로 채우고 찜기에 찐다.

도라지들깨찜

재료 및 분량

도라지 300g, 들기름 1큰술, 올리브유 1큰술, 청장 2큰술, 소금 약간
- **들깨즙** : 들깨가루 4큰술, 쌀가루 1큰술, 채수(다시마, 표고버섯, 물) 2컵

만드는 법

❶ 도라지는 곱게 갈라서 굵은 소금을 넣고 바락바락 치댄 다음 여러 번 헹
　궈 쓴맛을 제거하고 끓는 물에 조금 무르게 삶아 건져서 물기를 제거한다.

❷ 들깨가루, 쌀가루, 채수를 넣고 들깨즙을 잘 섞어둔다.

❸ 냄비에 들기름과 올리브유를 동량 섞어 두르고 달궈지면 도라지를 넣고
　볶다가 청장으로 간을 한다.

❹ 마지막에 들깨즙을 넣고 끓이다가 소금으로 간을 하고 불을 끈다.

시래기들깨찜

재료 및 분량

시래기 300g, 청장 2큰술, 조림간장 2큰술, 채수 3컵, 들기름 2큰술, 식용유 2큰술
- **들깨즙** : 들깨가루 2/3컵, 쌀가루 2큰술, 통깨 1큰술, 채수 1컵, 표고버섯가루 1큰술, 소금 약간

만드는 법

❶ 시래기는 물기를 짜고 준비해서 양념을 넣고 조물조물한 뒤 채수를 넣고 은근히 무르도록 푹 끓인다.

❷ 시래기가 부드러워지면 들깨즙을 미리 만들어 두었다가 고루 버무린 뒤 한소끔 끓인다.

재피잎견과류조림

조림,
초

재료 및 분량

땅콩 1/2컵, 호두 1/2컵, 재피잎 1컵, 채수 2큰술, 청장 2큰술, 조림간장 1큰술,
올리고당 3큰술, 고운 고춧가루 1큰술, 들기름 2큰술, 통깨 1큰술

만드는 법

❶ 땅콩이 잠길 만큼 물을 부은 후 사각사각할 정도로 삶아 씻고 호두는 데
친다.

❷ 팬에 들기름을 두르고 땅콩, 호두를 넣고 볶은 다음 채수, 청장, 조림간장
을 넣고 볶는다.

❸ 양념이 반으로 줄어들면 올리고당을 넣고 약불에서 볶다가 양념이 또 반
으로 줄어들면 고운 고춧가루를 넣는다.

❹ 거의 다되었을 때 재피잎을 넣고 불을 끄고 들기름, 통깨를 넣는다.

두부우엉조림

재료 및 분량

두부 1모, 우엉 1개, 소금 약간, 식용유 약간

- **우엉조림장** : 들기름 1큰술, 조림간장 1/2큰술, 청장 1/2큰술, 통깨 1큰술, 조청 1큰술
- **매실청조림** : 매실청 1컵, 발사믹 1/2컵

만드는 법

❶ 두부는 편을 썰어서 소금으로 밑간을 한다.

❷ 소금이 다 녹으면 팬에 노릇하게 구워 놓는다.

❸ 우엉은 곱게 채를 썰어서 찬물에 헹구고 물기를 빼고 볶은 다음 조림장에 조린다.

❹ 매실청, 발사믹을 넣고 7~8분 정도 은근하게 조려 놓는다.

❺ 구워진 두부 위에 매실청조림 1작은술을 얹고 위에 우엉조림을 얹는다.

검은콩호두조림

재료 및 분량

호두 2컵, 마른 검은콩 2컵, 물 4컵, 조림간장 1/2컵, 청장 1/4컵,
올리고당 1/2컵, 생강가루 약간

만드는 법

❶ 호두는 끓는 물에 소금을 넣어 삶아서 헹궈둔다.

❷ 콩을 씻은 다음 물을 붓고 끓으면 중불에서 약불로 낮추어 무르지 않게
삶는다.

❸ 호두에 조림간장, 청장, 생강가루를 넣어 조리고 물이 반으로 줄어들면
호두를 넣어서 약불로 졸여 자작해지면 올리고당을 넣어 국물이 약간 자
작할 때까지 조려 통깨를 뿌린다.

고추장우엉조림

재료 및 분량

우엉 2개, 조림간장 1큰술, 올리고당 2큰술, 통깨 1큰술, 고추장 1큰술,
생강가루 약간, 후추, 식용유

만드는 법

❶ 우엉은 껍질을 벗겨 두께 0.3~0.4cm 정도 편으로 썰어 160~180℃에서
수분이 남아있는 상태로 튀긴다.

❷ 냄비에 올리고당, 고추장, 후추, 생강가루, 조림간장을 넣고 농도가 진하
면 채수를 부어 바글바글 끓으면 불을 끄고 튀긴 우엉을 넣고 섞은 다음
통깨를 뿌린다.

※ 금방 먹을 때는 참기름을 넣고, 오래 두고 먹을 때는 참기름을 넣지 않는다.

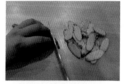

검정콩찜양념조림

재료 및 분량

검은콩 1컵, 표고버섯 5장, 연근 1/3개, 두부 1/2모, 당근 30g, 청양고추 2개,
홍고추 1개, 소금 약간, 참기름(들기름) 1큰술, 전분 약간, 우리밀 2큰술
- **소스** : 조림장 1/4컵, 고운 고춧가루 2큰술, 올리고당 3큰술, 생강가루 약간,
  통깨 약간, 들기름 1큰술, 잣 약간

만드는 법

❶ 검은콩은 씻어 불려서 삶아 분쇄기에 간다.

❷ 표고버섯은 불려서 채를 썰어 곱게 다진다.

❸ 연근, 당근은 채를 썰어 다진다.

❹ 두부는 으깨고 청·홍고추는 다진다.

❺ 모든 재료를 넣고 섞고 들기름, 소금을 넣고 끈기 있게 치대어 우리밀을
  넣고 뭉쳐지게 한 다음 타원형 완자로 빚는다.

❻ 완자를 전분에 굴려 김 오른 찜기에 투명하게 쪄서 식힌다.

❼ 소스를 바글바글 끓인 다음 식힌 완자를 넣어 버무린다.

※ 찐 완자는 달라붙거나 부서지지 않도록 식힌다.

※ 고춧가루를 넣지 않고 간장 소스로만 만들어도 좋다.

무왁저지

재료 및 분량

무 300g, 표고버섯 5장, 다시마 5~6장, 들기름 2큰술, 청장 2큰술,
설탕 1큰술, 고춧가루 4큰술, 채수 3컵

만드는 법

❶ 무는 두께 2cm 정도로 큼직하게 썰고 표고버섯은 다각형으로 썰고 다시마는 사방 3cm 정
   도로 5~6장을 썬다.
❷ 냄비에 무, 표고버섯, 다시마를 넣고 들기름, 청장, 설탕, 고춧가루를 넣고 버무려 1시간 정
   도 두어 간이 배여서 깊은 맛이 나도록 한다.
❸ ❷를 볶다가 채수를 넣고 끓으면 중약불로 은근히 끓인다.

※ 가을에서 봄까지 절에서 가장 많이 먹는 음식이다.
※ 왁저지 : 국물 있는 조림으로 충청도 향토음식이다.

치자물유자청
연근조림

재료 및 분량

연근 1개, 유자청 1컵, 치자 3개, 올리고당 1큰술, 소금 약간

만드는 법

❶ 연근은 깨끗이 손질하여 슬라이스한 다음 전분을 빼고 치자물에 담가 색을 낸다.

❷ 연근에 골고루 색이 들었으면 채반에 건져서 물기를 제거한 다음 팬에 담아 유자청을 붓고 은근하게 졸인다.

❸ 마지막에 소금 간을 하고 올리고당을 넣고 불을 끈다.

녹두전

재료 및 분량

거피녹두 3컵(500g), 고사리 200g, 표고버섯 10개, 시금치 150g, 당근 1/3개,
청 · 홍고추 2개씩, 소금, 청장, 참기름, 들기름, 식용유 약간씩

만드는 법

❶ 숙주는 데쳐서 물기를 제거하고 소금 1/2t, 참기름 1큰술을 넣고 밑간을
  한다.

❷ 고사리는 먹기 좋은 크기로 썰어 들기름 1큰술, 청장 1큰술을 넣고 밑간
  을 한다.

❸ 표고버섯은 곱게 채를 썰어 들기름 1큰술, 청장 1큰술을 넣고 밑간을 한다.

❹ 당근은 곱게 채를 썰고 청 · 홍고추는 씨를 빼고 가늘고 길게 채를 썰고
  시금치는 먹기 좋은 크기로 썬다.

❺ 팬에 들기름을 두르고 밑간한 표고버섯을 물기 없이 볶고 밑간한 고사리
  도 물기 없이 볶는다.

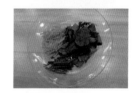

❻ 볶은 표고버섯, 볶은 고사리, 당근, 청 · 홍고추, 시금치에 들기름 1큰술,
  청장 1큰술을 넣고 고루 섞는다.

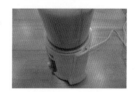

❼ 불린 녹두에 물 4컵을 넣고 믹서에 간 다음 소금 1큰술을 넣는다.

❽ 식용유와 들기름을 1 : 1로 섞어서 팬에 기름을 두르고 갈은 녹두 1국자에
  ❻의 야채를 올리고 갈은 녹두 1/2국자를 부어서 지져낸다.

호박잎전

재료 및 분량
호박잎 20장, 우리밀 1컵, 청장 1큰술, 채수

만드는 법
❶ 호박잎은 섬유질을 벗긴다.
❷ 반죽을 묽게 준비하여 호박잎에 반죽을 조금만 무친다.
❸ 호박잎은 한 장씩 센 불에서 빠르게 전을 부친다.
❹ 돌돌 말아서 접시에 놓는다.

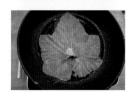

연잎전

재료 및 분량

연잎 4장, 우리밀 2컵, 소금 약간, 청양고추 3개, 청장 약간

만드는 법

❶ 연잎 2장은 채를 썰어 고르게 다진다.
❷ 연잎 2장은 물을 넣고 믹서에 곱게 간다.
❸ 청양고추는 곱게 다진다.
❹ 연잎, 청양고추에 우리밀을 섞어 조금 넙적하게 전을 부친다.

※ 연잎은 간해독에 좋고 철분이 많으며 면역력과 기억력이 향상되고 천연
　항산화제 효능이 있으며 특히 연잎차는 신경을 안정시켜 준다.

늙은호박전

재료 및 분량

늙은(청둥) 호박 400g, 우리밀(또는 쌀가루) 1½컵, 들깨가루 1큰술, 우유 1컵,
식용유 약간, 소금 약간

만드는 법

❶ 호박은 껍질을 벗기고 씨를 털어내고 곱게 채를 썰어서 소금에 20~30분
절인다.

❷ 호박에 물이 생기고 절여졌으면 우리밀과 들깨가루를 넣고 살살 버무려
우유로 반죽 농도를 맞춘다.

❸ 약불에서 팬이 달궈지면 한 수저씩 떠서 전을 부쳐 익힌다.

풋고추양념무침

재료 및 분량

풋고추 12개, 우리밀 1컵, 청장, 식용유

- **양념** : 조림간장 2큰술, 청장 1작은술, 고운 고춧가루 2큰술,
  청 · 홍고추 1개씩, 조청 2큰술, 통깨 1큰술, 견과류 약간, 생강가루 약간, 들기름 1큰술

만드는 법

❶ 풋고추는 어슷하게 썬다.

❷ 청 · 홍고추는 곱게 다지고 견과류도 다진다.

❸ 우리밀에 물과 청장을 넣고 반죽을 무르게 한 다음 풋고추를 넣고 전을 부친다.

❹ 양념을 바글바글 끓인 다음 불을 끄고 고추전을 넣고 버무리면서 청 · 홍고추 다진 것을 넣는다.

※ 풋고추의 효능은 고기의 단백질을 분해하는 효소가 있으며 열기 발산, 다이어트, 소화력도 좋다.

연근매생이전

재료 및 분량

연근 1개, 매생이 300g, 우리밀 · 찹쌀가루 1/2컵씩, 청장 2큰술, 소금 약간,
들깨 2큰술, 아몬드가루 1큰술

만드는 법

❶ 연근은 껍질을 벗기고 강판에 갈아놓는다.

❷ 매생이는 깨끗이 씻어서 송송 썰어 물기를 짠다.

❸ 갈아놓은 연근에 매생이를 섞고 우리밀, 찹쌀가루도 섞어서 청장과 소금
　으로 간을 하고 통들깨도 섞어서 동글납작하게 전을 부친다.

❹ 매생이는 수용성 식이섬유와 단백질, 칼슘 등 몸에 유익한 성분들이 풍부
　해 다이어트에 좋고 빈혈 및 골다공증 예방, 피부미용, 혈관질환에 좋다.

무전

재료 및 분량

무 200g, 소금 1큰술, 설탕 약간, 우리밀 1컵(쌀가루 1큰술, 전분 1큰술),
단호박가루 · 백년초가루 · 연잎가루 1작은술씩

만드는 법

❶ 무는 두툼한 반달모양이나 네모모양으로 썬 다음 소금을 뿌려 찜기에 찐다.
❷ 식혀서 밀가루옷을 고루 입힌다.
❸ 밀가루, 쌀가루, 전분을 섞고 3등분하여 단호박가루, 백년초가루, 연잎가루를 각각 섞어서
　물과 소금을 넣고 묽게 반죽을 한 후에 무를 넣는다.
❹ 팬에 기름을 두르고 약불로 하여 무를 놓고 전을 부친다.

※ 무는 기관지에 좋아서 가래를 삭이며 기침을 멈추게 한다. 체했을 때도 좋으며 소화제 역할
　을 한다.
※ 무의 매운맛은 알린으로 항암, 항균, 항염 작용을 한다.

두릅밀전병말이

재료 및 분량

두릅 15개, 우리밀 6큰술, 소금 약간, 물 1컵, 청장 1작은술, 참기름 1작은술
- **간장 소스** : 청장 1큰술, 물 1큰술, 통깨 약간

만드는 법

❶ 두릅은 끓는 물에 소금을 넣고 큰 것은 열십자로 칼집을 내어 밑동부터 넣어 데친다.

❷ 데친 두릅에 청장, 참기름을 넣고 밑간을 한다.

❸ 데친 두릅 중 3개는 물을 넣고 믹서에 갈아 밀가루, 소금을 넣어 밀전병 반죽을 만든다.

❹ 기름 두른 팬에 밀전병반죽을 한 수저씩 놓고 지름 8cm 크기로 부친다.

❺ 밀전병에 밑간을 한 두릅을 넣고 말아 간장 소스를 곁들여낸다.

두부전두릅말이

재료 및 분량

두부 1/2모, 두릅 12개, 소금 약간, 식용유 약간, 청장 1작은술, 참기름 1작은술
- **간장 소스** : 청장 1큰술, 물 1큰술, 꿀 1큰술, 통깨 약간

만드는 법

❶ 두릅은 끓는 물에 소금을 넣고 큰 것은 열십자로 칼집을 내어 밑동부터 넣어 데친다.

❷ 데친 두릅에 청장, 참기름을 넣고 밑간을 한다.

❸ 두부는 0.2cm×5cm×10cm로 얇게 썰어 소금으로 간을 하여 부드럽게 굽는다.

❹ 구운 두부에 두릅을 넣고 말아서 간장 소스를 곁들여낸다.

우엉삼색
밀전병말이

재료 및 분량

우엉 2대, 우리밀 1½컵, 전분 1½큰술, 소금 약간, 청장 1큰술, 녹차가루 약간,
단호박가루 약간, 백년초가루 약간

- **우엉조림** : 들기름 2큰술, 청장 2큰술, 조림간장 2큰술, 생강가루 약간,
  올리고당 3큰술, 통깨 1큰술

만드는 법

❶ 우엉은 칼등으로 껍질을 벗기고 곱게 채를 썰어서 한 번만 헹궈 소쿠리에
  받쳐 물기를 뺀다.

❷ 팬에 들기름을 두르고 우엉을 살살 볶다가 청장, 조림간장, 생강가루를
  넣고 볶은 다음 수분이 없어지면 올리고당을 넣고 통깨를 뿌려 마무리한다.

❸ 우리밀에 전분을 섞고 각각 세 가지 색을 섞어서 푼 후 전병을 부친다.

❹ 식으면 전병 위에 우엉을 얹고 돌돌 말아서 상에 낼 땐 썰어서 낸다.

※ 배추나 숙주를 데쳐서 양념하여 넣기도 한다.

배추전말이

재료 및 분량

배추 10장, 표고버섯(느타리버섯) 200g, 청 · 홍파프리카 1/4개씩, 참기름 1큰술,
청장 1큰술, 소금 약간, 밀가루 약간
- **전 반죽** : 우리밀 1컵, 표고버섯가루 1큰술, 청장 2큰술, 소금 약간, 물
- **표고버섯양념** : 참기름 1큰술, 청장 2큰술, 올리고당 1큰술

만드는 법

❶ 배추는 끓는 물에 살짝 데쳐서 물기를 짜고 밀가루를 입힌 뒤 묽게 반죽
한 전 반죽을 입혀서 전을 부친다.

❷ 버섯은 데쳐서 물기를 짜고 참기름, 청장, 소금으로 양념을 하여 팬에 볶
고 청 · 홍파프리카도 살짝 볶은 다음 참기름, 소금을 넣고 무쳐둔다.

❸ 배추전 위에 볶은 버섯과 파프리카를 올린 뒤 돌돌 말아서 2등분해서 상
에 담아낸다.

애호박전병말이

재료 및 분량

애호박 2개, 우리밀 1컵, 들깨가루 2큰술, 소금 약간, 들기름 약간, 식용유 약간

• **소스** : 연겨자 1큰술, 매실식초 1큰술, 통깨, 소금

만드는 법

❶ 애호박은 곱게 채를 썰어서 소금에 절여 물기를 짜고 기름에 살짝 볶아서 식혀둔다.

❷ 애호박 1/4개는 곱게 갈아서 우리밀과 반죽하고 들깨가루, 소금을 넣고 반죽을 한다.

❸ 밀전병을 크게 만들어서 식으면 애호박을 채워서 돌돌 말아서 마무리한다.

❹ 홍고추는 얇게 썰어서 고명으로 하나씩 올린다.

❺ 연겨자, 매실식초, 통깨, 소금을 넣고 소스를 만들어 곁들인다.

애호박채전

재료 및 분량

애호박 2개, 팽이버섯 80g, 과일청 1큰술, 소금 약간, 전분 4큰술

만드는 법

❶ 애호박은 돌려깍기를 한 다음 채를 썬다.

❷ 팽이버섯은 밑동을 자르고 찢어둔다.

❸ 애호박, 팽이버섯에 과일청, 소금을 넣고 고루 섞은 다음 전분옷을 입혀 전을 부친다.

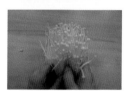

쑥감자전

재료 및 분량

쑥 100g, 감자 3개, 소금 약간, 감자전분 3큰술, 홍고추 1개

만드는 법

❶ 쑥을 잘게 썬다.
❷ 감자는 강판에 간다.
❸ 홍고추는 다진다.
❹ 갈아놓은 감자에 쑥, 홍고추를 섞어서 전을 부친다.

도라지삼색전

재료 및 분량

통도라지 10개, 청장 1큰술, 참기름 1큰술, 밀가루(우리밀) 1컵, 백련초가루 1/4작은술,
단호박가루 1/2작은술, 연잎가루 1/2작은술, 소금 약간, 식용유

만드는 법

❶ 통도라지는 소금, 설탕물에 30분간 담가둔다.
❷ 길이로 2등분해서 방망이로 살살 두드려 편다.
❸ 우리밀은 3등분해서 각각 색을 섞어서 반죽을 한다.
❹ 도라지는 밑간을 하고 밀가루를 묻히고 각각 삼색 반죽에 담갔다가 건져
   전을 부친다.

시래기장떡

재료 및 분량

시래기 50g, 청 · 홍고추 1개씩, 표고버섯 5장, 재피가루 1/2작은술, 우리밀 5큰술,
두부 1/3개, 식용유, 된장 1큰술, 고추장 1작은술, 표고버섯가루 1큰술,
땅콩버터 1/2작은술, 들기름 1큰술

만드는 법

❶ 시래기는 물기를 짜고 송송 다진다.

❷ 청 · 홍고추도 다져 놓고 표고버섯도 다져서 준비해둔다.

❸ ❶에 양념 재료를 모두 섞어 조물조물 무친 다음 우리밀과 으깬 두부를
　 넣고 반죽한다.

❹ 동글납작하게 전을 부친다.

두부동그랑 씨앗강정

재료 및 분량

두부 1/2모, 연근 1/3개, 봄나물 30g(쑥, 냉이, 방풍), 청·홍고추 1개씩, 찹쌀가루 2큰술,
표고버섯 2개, 호박씨 1큰술, 해바라기씨 1큰술, 참기름 1큰술, 전분 약간, 소금 약간

- ① **강정 소스** : 조림간장 1큰술, 고추장(고운 고춧가루) 1작은술, 채수 2큰술, 올리고당 3큰술,
  참기름 1큰술
- ② **강정 소스** : 단호박 1/4개, 올리고당 1큰술, 소금 약간

만드는 법

❶ 두부는 으깨어 치대고 연근은 강판에 간다.

❷ 쑥은 다지고 냉이, 방풍은 살짝 데쳐서 물기를 제거하고 다진다.

❸ 청·홍고추, 표고버섯은 곱게 다지고 호박씨, 해바라기씨는 굵게 다진다.

❹ 으깬 두부에 연근 간 것, 쑥, 냉이, 방풍, 표고버섯, 청·홍고추, 호박
씨 1/2큰술, 해바라기씨 1/2큰술, 찹쌀가루, 참기름, 소금을 치대어 완자
를 만들어 전분가루에 굴려서 두 번 튀긴다.

❺ 팬에 ①의 강정 소스가 끓으면 참기름을 넣고 튀긴 완자를 굴려낸다.

❻ 접시에 담고 남겨둔 호박씨, 해바라기씨를 위에 뿌린다.

❼ ②의 강정 소스는 호박을 삶아 믹서에 갈아 올리고당, 소금을 넣고 걸쭉
하게 조려 따로 곁들여낸다.

새송이강정

재료 및 분량

새송이버섯 6개, 전분가루 1컵
- **밑간** : 간장 1큰술, 참기름 1큰술
- **소스** : 조림간장 1큰술, 고운 고춧가루 1큰술, 올리고당 2큰술, 고추기름 2큰술,
  견과류(아몬드슬라이스) 약간, 참기름 1/2큰술

만드는 법

❶ 새송이버섯은 8조각으로 썰어 데쳐서 헹궈 물기를 꼭 짜둔다.

❷ 새송이버섯에 간장, 참기름으로 밑간을 하고 전분가루를 골고루 입혀 두
번 튀긴다.

❸ 아몬드는 다져둔다.

❹ 조림간장, 고운 고춧가루, 올리고당, 고추기름을 넣고 바글바글 끓으면
튀겨둔 새송이버섯을 섞어주고 견과류, 참기름을 넣어 마무리한다.

마강정

재료 및 분량

마 1개, 땅콩 1큰술, 호박씨 1/2큰술, 아몬드 1/2큰술, 대추 3개, 전분 4큰술,
찹쌀가루 4큰물, 소금, 식용우, 집간장, 참기름
- **강정 소스** : 다시마물 1/2컵, 간장 2큰술, 조청 3큰술, 편당귀 3쪽, 계피 1쪽

만드는 법

❶ 마는 깍뚝썰기해서 집간장, 참기름에 밑간해 둔다.
❷ 견과류는 다져둔다.
❸ 전분, 찹쌀가루, 소금을 섞어서 마에 입힌다.
❹ 식용유를 160℃에 맞춰 두 번 튀긴다.
❺ 채수, 간장, 당귀, 계피를 넣고 은근히 달인 후 조청을 넣고 엉기면 불을 끄고 튀긴 마를 버무린다.

고구마부각

재료 및 분량

고구마 3개, 찹쌀가루, 식용유

만드는 법

❶ 고구마는 깨끗이 씻어서 얇게 슬라이스한 뒤 물에 담궈 녹말을 제거한 다음 김 오른 찜기에 넣어 살짝 쪄둔다.

❷ 쪄진 고구마에 찹쌀가루를 입혀 말린다.

❸ 170℃로 튀긴다.

김 · 깻잎 · 뽕잎 · 헛개잎부각

재료 및 분량

김(김밥용) 10장, 깻잎 15장, 뽕잎 15장, 헛개잎 15장
- **찹쌀풀** : 찹쌀가루 6큰술, 물 3컵, 소금 1/2큰술, 통깨 1큰술

만드는 법

❶ 물에 찹쌀가루를 풀고 거품기로 빨리 저어가면서 익혀 투명해지면 소금을 넣고 뚜껑을 덮어 불을 끄고 5분간 뜸을 들여 완전히 식혀서 찹쌀풀을 준비한다.

❷ 김은 비닐을 깔고 김 1장에 풀을 바르고 김 1장을 덮어서 다시 풀을 바르고 통깨를 뿌려 말린다.

❸ 깻잎은 씻어서 물기를 닦고 등 쪽 한 면만 발라 말린다.

❹ 깨송이는 깨가 떨어지기 직전 알이 여물어 있는 상태일 때 풀물을 조금 묽게 하여 깨송이를 적셔서 비닐을 깔고 말린다.

❺ 김, 깻잎, 깨송이를 140~150℃의 기름에 찹쌀풀 묻힌 쪽을 밑으로 넣고 바로 건져낸다.

※ 부각은 정식 사찰음식 중의 하나로서, 예전에는 많이 했으며 방아잎, 자소잎, 산동백, 칡잎 등도 가능하다.

고추부각

재료 및 분량

고추(끝물고추) 300g, 우리밀 1컵, 찹쌀가루 1/2컵, 소금 약간
- **조림양념** : 청장 2큰술, 조림간장 1큰술, 조청 2큰술, 생강청 1큰술, 통깨 약간

만드는 법

❶ 고추를 길이로 2등분하여 우리밀, 찹쌀가루, 소금을 섞어 가루의 1/2을
   묻혀 찜기에 10분간 찐 다음 한 김 나가면 남겨둔 가루의 1/2을 한 번 더
   입혀 그대로 말린다.

❷ 기름온도 170℃에 한꺼번에 넣고 뒤적이면서 튀긴다.

❸ 청장, 조림간장, 조청, 통깨를 넣고 조림양념을 만든다.

❹ 냄비에 청장, 조림간장, 조청을 넣고 바글바글 끓이다가 큰 거품이 일면
   불을 끄고 튀긴 고추를 넣고 골고루 양념이 묻도록 뒤적여 통깨를 넣고
   섞는다.

가지탕수

재료 및 분량

가지 3개, 참기름 1큰술, 오이 1/4개, 당근 1/4개, 소금 약간, 삼색파프리카 1/4개씩,
제철과일, 튀김용 기름
- **탕수 소스** : 매실청 1/2컵, 물 1/2컵, 식초 3큰술, 레몬 1개, 소금 약간, 전분 1큰술
- **튀김옷** : 감자전분 1/2컵, 우리밀 2큰술

만드는 법

❶ 가지는 가로로 2등분한 다음 2cm 정도로 잘라서 칼금을 3~4개 정도 넣고 부챗살처럼 펼친다.

❷ 가지는 소금 간을 해서 살살 버무려 참기름으로 무쳐둔다.

❸ 가루를 가지 사이에 골고루 넣고 튀김옷을 입혀 튀긴다.

❹ 160~170℃ 기름에서 수분이 빠져 나오도록 오랫동안 튀긴다.

❺ 매실청과 물을 넣고 끓으면 전분을 넣어 저어주면서 레몬즙, 식초, 소금을 넣고 간을 맞춘 다음 농도를 조절한다.

새송이탕수

재료 및 분량

새송이버섯 6개, 홍·황파프리카 1/4개씩, 오이 1/2개, 감말랭이 5개, 생파인애플 2개,
전분 1컵, 청장 1큰술, 소금 약간, 식용유

- **새송이버섯 밑간** : 간장 1큰술, 참기름 1큰술
- **탕수 소스** : 과일액 1/4컵, 물 1/2컵, 매실식초 1/4컵, 전분 1큰술, 소금 약간

만드는 법

❶ 새송이버섯은 8조각으로 썰어 데쳐서 헹궈 물기를 꼭 짠다.

❷ 홍·황파프리카는 삼각모양으로 썰고 오이는 다각형으로 썰고 감말랭이
는 2등분하고 파인애플은 한입 크기로 썬다.

❸ 새송이버섯에 간장과 참기름으로 밑간을 하고 전분가루를 골고루 버무려
두 번 튀겨 색을 낸다.

❹ 전분 1큰술에 물 2큰술을 넣어 물전분을 만든다.

❺ 과일액, 물, 매실식초를 넣고 끓으면 물전분을 조금씩 풀어 농도를 맞춘
다음 소금으로 간을 한다.

❻ 소스가 바글바글 끓으면 튀긴 새송이버섯을 저어주고 파프리카, 오이, 감
말랭이, 파인애플을 넣고 섞어준다.

연근탕수

재료 및 분량

연근 2개, 홍·황파프리카 1/2개씩, 사과 1/3개, 브로콜리 5송이,
전분 3~4큰술, 아몬드(슬라이스) 약간
- **연근 밑간** : 참기름 1큰술, 소금 약간
- **탕수 소스** : 매실액 1/2컵, 물 1컵, 매실식초 1/2컵, 전분 1큰술, 소금 약간

만드는 법

❶ 연근은 1cm 간격으로 도톰하게 썰어서 물에 한 번 헹구어 전분질을 제거하고 연근을 데쳐서 참기름, 소금을 넣어 밑간한 다음 전분가루를 입힌다.

❷ 파프리카와 사과는 사각형으로 썰고 브로콜리는 데친다.

❸ 튀김솥에 연근을 넣고 다 튀겨질 때까지 뒤집지 말고 한 번만 튀긴다. 튀길 때 저으면 전분이 떨어지고 한 번만 튀겨야 속은 부드럽고 겉은 바삭바삭하다.

❹ 매실액, 물을 넣고 끓으면 매실식초를 넣고 다시 끓으면 전분을 넣어 농도를 맞추고 소금으로 간을 맞춘다.

❺ 탕수 소스가 끓으면 튀긴 연근을 넣어 섞고 불을 끄고 파프리카, 사과, 브로콜리를 넣고 섞어준다.

❻ 그릇에 담고 위에 슬라이스 아몬드를 얹는다.

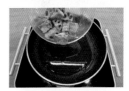

우엉탕수

재료 및 분량

우엉 1개, 건표고버섯 5장, 홍고추 1개, 오이고추 1개, 사과 1/3개, 식용유
- **우엉, 표고버섯 밑간** : 청장 2큰술, 참기름 2큰술, 감자전분 3큰술
- **탕수 소스** : 채수 1컵, 청장 1큰술, 식초 4큰술, 과일청(사과) 1/2컵, 소금 약간, 물전분 3큰술

만드는 법

❶ 감자전분 3큰술에 물 1/2컵을 넣고 섞어서 그대로 두면서 앙금을 가라앉힌다.

❷ 우엉은 씻어 어슷하게 채를 썬다.

❸ 건표고버섯은 불려서 물기를 제거한 다음 포를 떠서 채 썬다.

❹ 청·홍고추, 홍파프리카, 사과는 굵게 채 썬다.

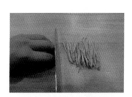

❺ 우엉과 표고버섯은 청장과 참기름으로 밑간을 하고 감자전분을 넣고 섞는다.

❻ 우엉과 표고버섯에 ❶의 앙금을 섞어 한입 크기로 뭉쳐서 튀김기름에 넣어 1차로 튀긴다.

❼ 젓지 않고 위로 뜨면 건져서 온도가 떨어지면 2차로 튀긴다.

❽ 채수물이 끓으면 청장, 식초, 사과즙, 소금을 넣고 끓으면 물녹말로 소스 농도를 조절한다.

❾ 농도가 조절되면 청·홍고추, 사과, 홍파프리카를 넣는다.

❿ 튀긴 것을 소스에 찍어 먹거나 소스에 버무린다.

※ 우엉이나 야채를 튀기고 남은 기름은 파 1대를 넣고 튀긴 다음 재사용하면 맛과 향이 좋다.

표고버섯
된장튀김

재료 및 분량

표고버섯 6개, 된장 1큰술, 들기름 1큰술, 전분 1큰술, 찹쌀가루 1큰술
- **들깨 소스** : 들깨가루 1큰술, 매실식초 1큰술, 올리브유 1큰술, 배즙 2큰술,
  소금 약간, 과일청 1큰술

만드는 법

❶ 마른 버섯은 불린 다음 물기를 짜고 4등분한다.

❷ 된장은 믹서에 넣고 곱게 간 다음 버섯에 넣고 들기름을 넣어 무친다.

❸ 전분과 찹쌀가루를 섞어서 버섯에 버무린 다음 튀긴다.

❹ 들깨 소스를 곁들여낸다.

가지 · 두부 · 새송이 양념구이

재료 및 분량

가지 6개, 두부 2모, 새송이버섯 5개, 들기름 1큰술, 올리브유 1큰술
- **양념장** : 고춧가루 5큰술, 조림장 1/3컵, 청양고추 5개, 홍고추 2개, 들기름 2큰술,
  올리브유 1/2큰술, 조청 4큰술, 통깨 1큰술, 들깨가루 2큰술, 해바라기씨 3큰술,
  아몬드 3큰술, 다시마 · 표고버섯물 1/4컵, 집간장 1큰술

만드는 법

❶ 가지를 4등분하여 안쪽으로 마름모꼴로 칼집을 넣는다.
❷ 새송이버섯은 편으로 썰어 마름모꼴로 칼집을 넣어 데친 다음 물기를 제거한다.
❸ 두부는 4cm×5cm×0.6cm 크기로 썰어 마름모꼴로 칼집을 넣고 소금으로 밑간을 한다.
❹ 팬에 들기름과 올리브유를 두르고 가지, 새송이버섯, 두부를 지지고 양념장을 만들어 재웠다가 한 번 더 지진다.

마삼색찹쌀구이

재료 및 분량

마(30cm) 1개, 찹쌀가루 2컵, 단호박가루 1큰술, 백년초가루 1작은술, 대추 6개,
호박씨 1큰술, 소금 1/2작은술, 올리고당(꿀) 2큰술

만드는 법

❶ 마는 껍질을 벗기고 두께 0.5cm로 길게 어슷썰기하여 소금을 뿌려둔다.

❷ 찹쌀가루 2컵을 3등분하여 둔다.

❸ ① 찹쌀가루에 단호박가루, 소금을 넣어 체에 내린다.

　② 찹쌀가루에 백년초가루, 소금을 넣어 체에 내린다.

　③ 찹쌀가루에 소금을 넣어 체에 내린다.

❹ 대추는 꽃모양으로 만든다.

❺ 마를 톡톡 두드려가며 찹쌀가루를 입혀준다.

❻ 팬에 기름을 넉넉히 두르고 약불에 찹쌀만 익으면 솔로 올리고당을 바르
고 대추꽃을 고명으로 올린다.

※ 마에 찹쌀가루를 입히는 과정이 중요하다.

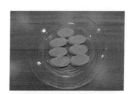

묵구이

재료 및 분량

도토리묵 1/2모, 청포묵 1/2모, 들기름 1큰술, 식용유 1큰술, 깻잎 10장,
깨소금 1큰술, 소금 약간, 아몬드 1큰술

만드는 법

❶ 묵은 적당한 크기로 썰어서 들기름에 구워준다.

❷ 깻잎은 깨끗이 씻어서 물기를 털고 기름에 튀겨낸 다음 깨소금, 소금을
  넣고 잘 섞어둔다.

❸ 묵 위에 깻잎 고명을 얹어낸다.

가지야채말이

재료 및 분량

가지 3개, 숙주나물 150g, 팽이버섯 1봉, 청·홍고추 1개씩, 비트 50g,
오이 50g, 조림간장 2큰술, 꿀 1큰술

만드는 법

❶ 가지는 길고 어슷하게 썰어 소금물에 담근다.

❷ 숙주나물과 팽이버섯은 끓는 물에 데쳐서 찬물에 헹궈 물기를 제거한다.

❸ 비트는 곱게 채를 썰어 물에 담갔다가 살짝 데쳐서 찬물에 헹궈 물기를
　제거한다.

❹ 가지는 물기를 제거하고 들기름에 살짝 구운 다음 양념장을 바른다.

❺ 숙주와 팽이버섯, 비트는 참기름, 소금으로 살짝 무쳐둔다.

❻ 구운 가지에 ❺를 올리고 돌돌 말아낸다.

두부찹쌀구이

재료 및 분량

두부 1모, 찹쌀가루 1/2컵, 전분 1/2컵, 청·홍고추 1/2개씩, 황파프리카 1/4개
- **소스** : 과일청 1큰술, 꿀 1작은술, 소금 약간, 식초 1/2큰술
- **두부옷 입히기** : 소금 약간, 과일청 2큰술

만드는 법

❶ 두부는 편으로 썰기하여 3등분한 다음 소금을 뿌린다.
❷ 과일청에 적셔서 찹쌀가루옷을 입힌 다음 기름을 두르고 지진다.
❸ 소스를 만들어서 끼얹어낸다.

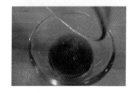

우엉찹쌀구이

재료 및 분량

우엉 2대, 찹쌀가루 1/4컵, 흑임자가루 2큰술, 백년초가루 2큰술
- **우엉 밑간** : 청장 1큰술, 참기름 1큰술
- **양념장** : 식초 1큰술, 조림간장 1큰술, 생수 큰술, 설탕 약간, 통깨 약간

만드는 법

❶ 우엉은 칼등으로 껍질을 벗긴 후 7~8cm 간격으로 썰어 김이 오른 찜기
　에 우엉을 넣고 10분에서 15분간 찐다.

❷ 한 김 나가고 나면 우엉을 길이로 1/2 칼집을 넣어서 펼친 다음 방망이로
　살살 두드린다.

❸ 켜켜로 우엉을 담고 밑간한 다음 찹쌀가루옷을 입힌다.

❹ 찹쌀가루와 흑임자, 찹쌀가루와 백년초가루를 각각 섞은 다음 일부에 옷
　을 입힌다.

❺ 팬에 기름을 두르고 전을 부친다.

❻ 양념장을 만들어서 곁들여낸다.

도라지초절임

재료 및 분량

도라지 400g, 오이 1개, 홍파프리카 1/2개, 대추 5개, 매실식초 1/4컵,
레몬즙 2큰술, 과일청(매실, 오미자, 복분자, 오디 등) 3큰술, 올리고당 1큰술,
통깨 1큰술, 레몬껍질 · 소금 · 설탕 약간씩

만드는 법

❶ 도라지는 소금과 설탕을 뿌려 10분간 두었다가 주물러 씻은 다음 찬물에
  30분 정도 담가두었다가 건져서 매실식초를 넣고 버무려 둔다.

❷ 오이는 6~7cm 길이로 삼각형 썰기를 하여 씨를 빼고 설탕과 소금으로
  밑간을 한다.

❸ 홍파프리카는 채를 썰어 설탕과 소금으로 밑간을 한다.

❹ 대추는 돌려깎기하여 채를 썰고 레몬껍질은 깎아 곱게 채를 썰고 레몬 속
  은 즙을 짠다.

❺ 도라지, 오이, 홍파프리카, 대추, 레몬껍질에 레몬즙, 과일청, 올리고당,
  통깨, 소금을 넣고 버무려서 담아낸다.

홍시·무·무청무침

재료 및 분량

무 1개, 무청 30g, 청장 2½큰술, 매실식초 2큰술, 조청(올리고당) 1½큰술,
고춧가루 3큰술, 통깨 약간, 홍시 2개

만드는 법

❶ 무는 가늘게 채를 썰고 무청은 송송 썬다.
❷ 홍시는 으깨어 청장, 매실식초, 조청, 고춧가루, 통깨를 넣고 섞은 다음 무와 무청을 버무려
   낸다.

매생이초무침

재료 및 분량

매생이 200g, 무 200g, 파프리카(홍, 청, 황) 1/4개씩, 설탕 1큰술, 매실식초 3큰술,
소금 약간, 매실청 2큰술, 흑임자 1큰술

만드는 법

❶ 무는 0.5cm로 굵게 채를 썰어 식초, 설탕, 매실청, 소금으로 밑간을 한다.
❷ 파프리카는 0.8cm×0.8cm로 사각형으로 썬다.
❸ 매생이는 흔들어 씻고 물기를 빼고 썬다.
❹ 밑간한 무에 파프리카, 매생이를 넣고 골고루 섞은 다음 통깨, 소금을 넣
고 섞어준다.

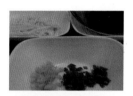

※ 파래, 톳, 마재기도 가능하다.

돗나물샐러드

재료 및 분량

돗나물 300g, 생표고버섯 2장, 감말랭이 6개
- **소스** : 청장 2큰술, 식초 3큰술, 들깨가루 2큰술, 청양고추 2개, 통깨 1큰술,
  두부 50g, 매실액 2큰술, 올리브유 2큰술

만드는 법

❶ 돗나물을 씻어둔다.
❷ 감말랭이는 아주 얇게 썬다.
❸ 생표고버섯은 곱게 채를 썬다.
❹ 청양고추, 두부, 식초, 올리브유, 청장, 매실액, 통깨, 들깨가루를 넣고
  믹서에 갈아 소스를 만든다.
❺ 돗나물, 감말랭이, 생표고버섯을 섞어서 담고 위에 소스를 뿌려낸다.

※ 매실액이 없으면 딸기를 갈아 넣거나 편으로 썰어 넣어도 좋다.

- **번행초 겉절이 양념** : 조림간장 2큰술, 청장 1큰술, 매실식초 3큰술, 고춧가루 2큰
  술, 통깨 2큰술
- **번행초(제주도 산)** : 위암에 탁월한 효과가 있다.

모듬버섯초회

재료 및 분량

표고버섯 5개, 팽이버섯 150g, 능이버섯 50g, 느타리버섯 200g, 목이버섯 150g,
백만송이버섯 150g, 새송이버섯 5개, 깻잎 10장, 청·홍고추 1개씩, 소금 약간
- **양념** : 조청(올리고당) 3큰술, 고추장 3큰술, 고춧가루 3큰술, 매실식초 4큰술,
  청장 5큰술, 참기름 1큰술, 통깨 2큰술, 설탕 2큰술, 생강가루 약간

만드는 법

❶ 초회 양념은 식초를 빼고 모두 넣고 끓여준 다음 식으면 식초를 넣는다.

❷ 버섯은 손질해서 먹기 좋은 크기로 찢어서 끓는 물에 각각 데쳐서 물기를
꼭 짜서 청장으로 밑간을 한다.

❸ 청·홍고추는 씨를 제거한 후 채를 썬다.

❹ 깻잎은 채를 썰어서 그릇에 깔고 데친 버섯과 청·홍고추를 양념에 버무
려 담는다.

더덕잣즙무침

재료 및 분량

더덕 3개, 양배추 100g, 비트 50g, 셀러리 1/2개, 잣 2큰술, 소금 약간,
참기름 1큰술, 매실식초 1큰술, 올리브유 1큰술, 과일식초 1큰술, 과일청 1큰술

만드는 법

❶ 더덕은 껍질을 벗기고 길이로 2등분하여 살살 두드려 편 다음 고루 찢는다.

❷ 잣과 호두는 다져서 참기름, 소금을 넣고 거품기로 잘 저어 배즙을 조금
   씩 넣으면서 같은 방향으로 젓는다.

❸ 양배추, 비트, 셀러리는 곱게 채를 썰어서 각각 물에 담갔다가 건져 물기
   를 제거한다.

❹ 더덕은 미리 잣즙에 버무려 둔다.

❺ 접시에 양배추와 비트를 올리브유에 버무려 담고 더덕잣즙무침을 올린
   다음 새싹채소를 올려낸다.

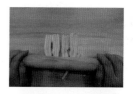

봄동겉절이
샐러드

재료 및 분량

봄동 300g, 봄나물 100g

- **양념장** : 청장 2큰술, 고춧가루 2큰술, 매실액 또는 매실식초 3큰술, 올리고당 1큰술,
  통깨, 생강가루, 버섯가루 1/2작은술
- **두부 소스** : 두부 100g, 올리고당 1작은술, 화이트와인 2큰술, 올리브유 2큰술, 아몬드가루 1작은술,
  매실식초 3큰술, 소금 약간, 후추 약간, 당귀잎 5g, 참나물잎 10g

만드는 법

❶ 봄동과 갖은 봄나물은 깨끗이 씻어서 물기를 제거하고 먹기 좋은 크기로 자른다.
❷ 두부 소스는 믹서에 넣고 곱게 간다.
❸ 봄동과 봄나물에 두부 소스를 넣고 고루 섞는다.

청포묵무침

재료 및 분량

청포묵 100g, 청양고추 1개, 김 1장
- **양념** : 통들깨 1큰술, 참기름 1큰술, 소금 약간

만드는 법

❶ 청포묵은 먹기 좋은 크기로 썰어서 양념을 넣고 무친다.
❷ 청 · 홍고추는 다지고 김은 채를 썰어 올린다.

우엉수삼냉채

재료 및 분량

수삼 1뿌리, 우엉 1/2대, 오이 1/2개, 셀러리 1대, 대추 5대, 배 1/3개
• **소스** : 레몬즙 2큰술, 매실식초 2큰술, 꿀 2큰술, 소금 약간

만드는 법

❶ 수삼은 깨끗이 씻어서 곱게 채를 썬다.

❷ 우엉은 깨끗이 씻어서 곱게 채를 썰어 물에 담갔다가 물기를 제거해둔다.

❸ 오이도 돌려깍기하여 채를 썰고 셀러리, 배, 대추도 채를 썬다.

❹ 레몬즙, 매실식초, 꿀, 소금을 넣고 소스를 만든다.

❺ 수삼, 우엉, 오이, 셀러리, 배, 대추를 고루 섞고 소스를 버무려낸다.

모듬버섯냉채

숙채

재료 및 분량

새송이버섯 4개, 표고버섯 4개, 백만송이버섯 200g, 느타리버섯 200g, 팽이버섯 200g,
청·홍피망 1/2개씩, 두부 1/2모, 참외 1/2개, 청장 1큰술

- **겨자 소스** : 가루겨자 1½큰술, 매실식초 4큰술, 레몬 1개, 매실청 3큰술, 아몬드가루 2큰술,
  설탕 1작은술, 잣 1큰술

만드는 법

❶ 새송이버섯은 먹기 좋은 크기로 채를 썰고 표고버섯은 포를 떠서 채를 썬다.

❷ 백만송이버섯, 느타리버섯, 팽이버섯은 찢어서 준비한다.

❸ 청·홍피망은 채를 썰고 참외는 편을 썬다.

❹ 두부는 0.3cm×4cm×5cm로 썰어서 밑간하여 노릇하게 굽는다.

❺ 버섯은 끓는 물에 살짝 데쳐 찬물에 담가 건져서 물기를 짜고 청장으로 밑간을 한다.

❻ 가루겨자를 발효시켜서 매실식초, 레몬, 매실청, 아몬드가루, 설탕, 잣을 넣고 소스를
  만든다.

❼ 접시에 구운 두부를 돌려 담고 밑간한 모듬버섯을 올려 소스를 끼얹는다.

콩나물냉채

재료 및 분량

콩나물 500g, 유부 2개, 오이 1/2개, 오이고추 3개, 홍 · 황파프리카
· **양념** : 연겨자 1큰술, 꿀 1큰술, 식초 3큰술, 소금 약간, 설탕 2큰술, 견과류 2큰술

만드는 법

❶ 콩나물은 꼬리를 떼고 데친 다음 소금으로 밑간을 한다.

❷ 두부는 얇게 편을 썰어서 노릇하게 지진 다음 채를 썬다.

❸ 오이는 돌려깎기를 하여 채를 썬다.

❹ 파프리카는 씨를 빼고 채를 썬다.

❺ 콩나물, 두부, 오이, 파프리카에 겨자 소스를 넣고 고루 버무린다.

묵나물과 봄나물구절판

재료 및 분량

곤드레나물 50g, 취나물 50g, 뽕잎나물 50g, 시래기나물 50g, 가지나물 50g,
유부 50g, 당근 50g, 표고버섯 50g, 시금치 50g, 미나리 50g

- **묵나물 밑간** : 청장 2큰술, 들기름 1큰술, 올리브유 1큰술, 들깨가루 1큰술
- **묵나물양념** : 깨소금 1큰술, 참기름 1큰술, 소금 약간
- **삼색밀전병** : 우리밀 2컵, 물 3컵, 소금 약간, 녹차 · 백년초가루 1작은술씩
- **겨자장** : 연겨자 1큰술, 식초 3큰술, 설탕 2큰술, 채수 1큰술, 들깨가루 2큰술, 통깨 1큰술, 소금 약간

만드는 법

❶ 곤드레, 취나물 등 건나물은 바로 찬물을 부어 삶아서 물이 식을 때까지
   그대로 담가두었다가 깨끗이 씻어 묵나물 밑간을 한다.

❷ 둥근 팬에 밑간한 묵나물을 넣고 채수를 부어 뚜껑을 덮어 김이 나면 불
   줄여 뜸을 들이고 식혀서 묵나물양념을 하고 부족하면 소금 간을 한다.

❸ 당근은 곱게 채를 썰어 살짝 데치고 참기름, 깨소금, 소금으로 양념한다.

❹ 유부는 끓는 물에 체로 눌러가며 삶아서 헹궈 꼭 짜서 채를 썰고 참기름,
   청장, 깨소금으로 무친다.

❺ 표고버섯은 곱게 채를 썰어 들기름, 올리브유, 청장으로 밑간하여 볶아서
   참기름, 깨소금으로 무친다.

❻ 방풍나물은 참기름, 청장, 깨소금으로 무친다.

❼ 가지나물은 따뜻한 물에 담갔다가 건져 물기를 짜고 채수를 부으면서 볶
   는다.

❽ 호박오가리도 따뜻한 물에 담갔다가 건져 물기를 짜고 채수를 부으면서
   볶는다.

❾ 우리밀에 물을 붓고 소금, 녹차 · 백년초가루를 각각 넣어 삼색 밀전병을
   만든다.

❿ 연겨자, 식초, 설탕술, 채수, 들깨가루, 통깨, 소금을 넣고 겨자장을 만든다.

⓫ 구절판에 색을 맞춰 돌려담고 겨자장을 함께 낸다.

연근겉절이

재료 및 분량

연근 400g, 당귀잎, 치커리 약간, 청 · 홍고추 1/2개씩
- **양념** : 청장 3큰술, 고춧가루 3큰술, 깨소금 1큰술, 매실식초 2큰술,
  매실액 2큰술, 올리고당 1큰술

만드는 법

❶ 연근은 두께 1cm 정도로 썰어 끓는 물에 넣고 가운데 부분까지 투명하도록 데쳐 찬물에 헹
  군다.

❷ 당귀, 치커리 손으로 찢고 청 · 홍고추 어슷하게 썰어 씨를 제거한다.

❸ 청장, 매실액, 매실식초, 올리고당, 고춧가루, 깨소금을 넣고 양념을 한다.

❹ 양념에 연근을 먼저 빨갛게 무쳐 두고 치커리와 당귀잎을 조금씩 넣고 버무린다.

오이나물

재료 및 분량
오이 2개, 참기름 1큰술, 깨소금 1큰술, 청장 1큰술

만드는 법
❶ 오이는 슬라이스해서 소금에 살짝 절인 다음 데쳐서 재빨리 헹궈 물기를 꼭 짠다.
❷ 오이에 참기름, 깨소금, 청장을 넣고 무친다.

무나물

재료 및 분량

무 1개, 식용유 2큰술, 소금 약간, 설탕 약간, 아몬드가루 1큰술

만드는 법

❶ 무는 채를 썰어서 준비한다.

❷ 둥근 팬에 식용유를 두르고 볶으면서 소금, 설탕도 넣고 볶다가 물기가 생기면 뚜껑을 덮고 한 김 올린다.

❸ 무가 부서지지 않고 부드럽게 되면 불을 끄고 아몬드가루를 넣고 섞는다.

양배추 · 유부 · 흑임자초무침

재료 및 분량

양배추(대) 1/4통, 유부 10장, 청장 2큰술

- **초무침양념** : 흑임자 3큰술, 매실식초 4큰술, 청장 1큰술, 올리브유 1큰술

만드는 법

❶ 양배추는 심을 제거하고 약간 굵은 채로 썰어 끓는 물에 데쳐서 찬물에 헹궈 물기를 제거
한다.

❷ 데친 양배추에 청장을 넣고 조물조물 섞어 20분간 두어 간이 들도록 한다.

❸ 간이 들면 양배추의 물기를 짜고 유부는 채를 썰어 섞는다.

❹ 흑임자, 매실식초 4큰술, 청장, 올리브유를 넣고 믹서에 간다.

❺ ❸에 ❹의 소스를 넣고 버무린다.

※ 흑임자 대신 참깨, 들깨, 견과류도 가능하다.

※ 매실식초가 없을 경우 매실액 1 : 현미식초 1의 비율로 만들어 사용하면 된다.

꽈리고추
콩가루찜무침

재료 및 분량

꽈리고추 300g, 우리밀 1/2컵, 콩가루 1/2컵, 소금 조금
- **양념장** : 청장 1/2큰술, 참기름 1큰술, 통깨 1큰술, 고춧가루 1큰술,
올리고당 1작은술(고추에 쌉쌉한 맛 제거)

만드는 법

❶ 꽈리고추는 씻어 수분이 있는 상태에서 우리밀, 콩가루, 소금을 조금 넣고 버무려 찜기에 쪄
서 투명해지면 빨리 식힌다.

❷ 청장, 참기름, 통깨, 고춧가루, 올리고당을 넣고 양념장을 만든다.

❸ 꽈리고추에 양념장을 넣고 무친다.

연근 · 두부무침 샐러드

재료 및 분량

연근 2개, 청고추 2개, 홍고추 1개, 유자청 1큰술
- **소스** : 두부 1/3모, 들깨가루 3큰술, 소금 약간, 매실식초 3큰술, 매실액 2큰술,
  올리브유 2큰술, 청장 2큰술

만드는 법

❶ 연근은 썰어서 헹군 뒤 끓는 물에 살짝 데친다.
❷ 청 · 홍고추는 씨를 빼고 다진다.
❸ 두부, 들깨가루, 소금, 매실식초, 매실액, 올리브유, 청장을 넣고 소스를 만든다.
❹ 연근, 청 · 홍고추에 소스를 넣고 무친다.
❺ 견과류를 다져서 넣어도 좋다.

고구마줄기
들깨무침

재료 및 분량

고구마줄기 400g, 청 · 홍고추 1개씩, 청장 2큰술, 참기름 1큰술, 들깨가루 3큰술,
소금 약간, 식초 약간, 올리고당 또는 꿀 1큰술

만드는 법

❶ 고구마줄기는 껍질을 벗겨서 먹기 좋은 크기로 잘라 소금을 넣고 삶은 다음 찬물에 헹궈서
   물기를 짠다.
❷ 청 · 홍고추는 곱게 다지고 청장, 참기름, 들깨가루, 소금, 식초, 올리고당을 넣고 양념을 만
   든다.
❸ 고구마줄기, 청 · 홍고추에 양념을 넣고 무친다.

마한천묵

재료 및 분량

마 120g, 오이 1개, 딸기 6개, 당귀잎(참나물잎, 미나리잎) 2줄기
물 1½컵, 한천가루 12g
- **소스** : 매실식초 3큰술, 청장 1큰술, 물 1큰술

만드는 법

❶ 마는 강판에 갈고 당귀잎은 쫑쫑 썰고 딸기는 얇게 편으로 썬다.

❷ 오이는 동글게 썰어 소금에 절여 끓는 물에 살짝 데쳐서 찬물에 헹궈 물기를 꼭 짠다.

❸ 물에 한천가루를 섞어 30분간 불린 다음 센 불로 끓이다가 약불로 줄여서 투명해지면 불을 끄고 마를 갈아 넣고 걸쭉하게 될 때까지 저어준다.

❹ 직사각형 통에 ❸을 붓고 오이, 한천, 딸기편, 한천, 당귀잎, 한천 순으로 올려 냉동실에서 굳혀 썬다.

청포묵초무침

재료 및 분량

청포묵 200g, 숙주나물 100g, 오이 60g, 유부 70g, 김 2장, 홍파프리카 1/2개

- **청포묵 밑간** : 참기름 1큰술, 청장 1큰술 또는 소금 1/2작은술
- **초간장** : 청장 2큰술, 레몬 1개, 매실식초 2큰술, 설탕 1큰술, 생와사비 1/2큰술, 설탕 1큰술, 통깨 2큰술

만드는 법

❶ 오이는 가로로 2등분하여 얇게 슬라이스하여 소금에 절였다가 손을 둥글게 해서 상처가 나지 않도록 짜서 참기름, 청장에 버무린다.

❷ 숙주나물도 데쳐서 물기를 짜고 청장, 참기름에 무친다.

❸ 유부는 삶아서 찬물에 헹궈 물기를 짜서 굵은 채를 썰어 참기름, 청장에 무친다.

❹ 홍파프리카는 짧게 채를 썰어 참기름으로 버무린다.

❺ 청포묵은 채를 썰어 참기름, 청장으로 버무린다.

❻ 김을 굵은 채로 잘라서 프라이팬에 볶는다.

❼ 청장, 레몬, 매실식초, 설탕, 생와사비, 설탕, 통깨를 믹서에 넣고 갈아서 초간장을 만든다.

❽ 준비한 재료를 접시 가장자리에 색깔을 맞춰 돌려 담고 중앙에 청포묵 무침을 놓는다.

❾ 접시에 먹을 만큼 들어서 소스를 끼얹어 버무려 먹는다.

※ 묵이 굳으면 냄비에 물을 넉넉히 넣고 끓으면 체에 담아 빙빙 돌려서 부드럽게 한다.
※ 백년초무채 초절임을 돌려담으면 색과 맛이 좋다.

여름채소
떡구이샐러드

재료 및 분량

가지 1개, 애호박 1/2개, 마 10조각, 절편(가래떡) 5개, 여름과일(토마토, 천도복숭아 등)
- **소스** : 잣 2큰술, 청·홍고추 1개씩, 과일청 2큰술, 올리브유(들기름) 1큰술, 생강가루 약간,
  통들깨 1큰술, 꿀 1큰술

만드는 법

❶ 가지, 애호박, 마는 두께 0.5~0.7cm로 둥글게 썰어 소금으로 밑간을 한다.

❷ 청·홍고추와 잣은 굵게 다지고 통들깨는 살짝 볶는다.

❸ 가지, 호박, 마를 팬에 기름을 조금만 두르고 굽는다.

❹ 잣, 청·홍고추, 과일청, 올리브유, 생강가루, 통들깨, 꿀을 넣고 소스를
만든다.

❺ 가지, 호박, 마, 여름과일과 절편을 소스에 버무려 그릇에 담아낸다.

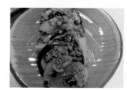

감자채샐러드

재료 및 분량

감자 2개, 소금 약간
- **소스** : 잣 2큰술, 두부 1/4컵, 우유 1/2컵, 통깨 2큰술, 매실식초 1큰술, 레몬 1개
- **고명** : 아몬드 30g

만드는 법

❶ 감자는 채칼로 썰어 전분을 빼고 끓는 소금물에 데쳐 찬물에 헹궈 수분을 제거한다.

❷ 레몬은 즙을 짜고 아몬드는 다진다.

❸ 잣, 두부, 우유, 통깨, 매실식초, 레몬즙을 믹서에 넣고 곱게 간다.

❹ 감자채에 소스를 넣고 버무린다.

❺ 접시에 담고 아몬드가루를 뿌린다.

※ 소면을 비벼서 먹어도 좋다.

과일시금치샐러드

재료 및 분량

시금치 350g, 석류 1/2개, 딸기 6개, 감말랭이 10개
- **소스** : 매실식초 4큰술, 발사믹 3큰술, 청장 2큰술, 견과류 1큰술,
  통들깨 1큰술, 올리브유 2큰술

만드는 법

❶ 시금치, 석류, 딸기, 감말랭이는 먹기 좋은 크기로 준비한다.
❷ 견과류와 통들깨는 분쇄기에 간다.
❸ 매실식초, 발사믹, 청장, 견과류, 통들깨, 올리브유를 넣고 소스를 만든다.
❹ 시금치, 딸기, 감말랭이를 그릇에 담고 소스를 끼얹고 석류를 고명으로 올린다.

마구이
청국장샐러드

재료 및 분량

마 400g, 소금 약간, 양상추 3장, 청·홍파프리카 1/4개,
- **청국장 소스** : 청국장 2큰술, 유자청 2큰술, 청장 1큰술, 매실식초 1큰술, 연겨자 약간

만드는 법

❶ 마는 둥글고 납작하게 썰어서 팬에 참기름을 두르고 굽는다.
❷ 청국장, 유자청, 청장, 매실식초, 연겨자를 넣고 청국장 소스를 만든다.
❸ 마, 양상추, 청·홍파프리카에 청국장 소스를 섞고 접시에 담아서 어린 새싹을 올린다.

※ 마는 전분, 단백질, 비타민 C가 풍부하고 사포닌이 들어 있어서 호르몬 분비를 촉진하고 콜
　레스테롤을 몸 밖으로 배출하여 기운을 돋운다.
※ 마의 뮤신은 위벽을 보호하고 소화성 궤양을 예방하는 물질이다.

생채소 냉잡채

재료 및 분량

당면 50g, 깻잎 5장, 오이 1/2개, 비트 1/4개, 양배추 3장, 천도복숭아 1개
- **과일 소스** : 천도복숭아(익은 것) 1개, 청장 1큰술, 매실식초 2큰술, 레몬즙 1큰술
- **당면 소스** : 과일청(복분자, 오디, 매실 등) 3큰술, 소금 약간, 올리브유 1큰술

만드는 법

❶ 당면은 찬물에 1시간 담갔다가 건져 끓는 물에 삶아서 헹궈 물기를 뺀다.

❷ 양배추는 결대로 고운 채를 썰어 찬물에 담갔다가 건져 물기를 뺀다.

❸ 오이는 돌려깎기하여 고운 채를 썰어 찬물에 담갔다가 건져 물기를 뺀다.

❹ 천도복숭아는 곱게 채를 썰어 찬물에 담갔다가 건져 물기를 뺀다.

❺ 깻잎은 채를 썰어 찬물에 담갔다가 건져 물기를 뺀다.

❻ 비트는 아주 곱게 채를 썰어 찬물에 여러 번 헹궈 물기를 뺀다.

❼ 팬에 과일청, 소금, 올리브유를 넣고 당면을 넣어 볶은 다음 식힌다.

❽ 천도복숭아, 청장, 매실식초, 레몬즙을 믹서에 넣고 갈아 과일 소스를 만든다.

❾ 당면, 양배추, 오이, 천도복숭아, 깻잎, 비트에 과일 소스를 넣고 버무린다.

여름콩나물잡채

재료 및 분량

콩나물 300g, 당면 200g, 오이고추 5개, 홍고추 2개, 유부 10개
- **콩나물 삶기** : 생수(다시마물) 1컵, 들기름 1큰술, 소금 약간
- **콩나물양념** : 참기름 1큰술, 깨소금 1큰술, 청장 1큰술
- **유부양념** : 청장 1큰술, 참기름 1큰술
- **당면양념** : 콩나물 삶은 물 1컵, 청장 1큰술, 조림간장 2큰술, 올리브유 1큰술, 설탕 1큰술, 참기름 1큰술

만드는 법

❶ 콩나물은 깨끗이 씻어 냄비에 담아 물을 넣고 들기름, 소금을 넣고 한 김 나면 콩나물은 건 져내고 국물은 따로 식힌다.

❷ 오이고추와 홍고추는 2등분해서 씨를 제거하고 채를 썰어 기름 두른 팬에 재빨리 볶아 식 힌다.

❸ 유부는 끓는 물에 눌러가며 데친 다음 찬물에 헹궈 손바닥으로 눌러가며 물기를 제거한다.

❹ 물이 끓으면 당면을 넣고 반 정도 익혀 건져서 찬물에 헹군다.

❺ 콩나물 삶은 물, 청장, 조림간장, 올리브유, 설탕, 참기름을 넣은 당면양념에 반 익힌 당면 을 넣고 윤기가 날 때까지 볶은 다음 참기름을 넣는다.

❻ 콩나물에 참기름, 깨소금, 청장으로 양념하고 오이고추와 홍고추 반을 넣고 섞는다.

❼ 볶아진 당면에 오이고추와 홍고추 반을 넣고 섞는다.

❽ ❻과 ❼을 합해서 유부를 넣고 골고루 섞고 청장, 통깨, 후추로 양념을 한다.

생톳유부잡채

재료 및 분량

생톳 200g, 유부 5장, 파프리카 1/2개씩, 오이고추 2개, 당면 250g, 목이버섯

- **생톳양념** : 청장 2큰술, 들기름 2큰술, 조청 1/2큰술
- **유부양념** : 청장 2큰술, 들기름 2큰술
- **파프리카** : 식용유, 소금 약간
- **당면양념** : 청장 3큰술, 조림간장 3큰술, 채수 2컵, 설탕 2큰술(과일청 3큰술), 식용유 2큰술,
  후추 약간, 참기름 2큰술, 아몬드 2큰술, 잣 1큰술, 호두 2큰술, 통깨 1큰술

만드는 법

❶ 생톳은 끓는 물에 데쳐서 바락바락 치대어 씻은 후 먹기 좋은 크기로 손질한 다음 식용유를
조금 두르고 물기 없을 때까지 볶다가 조청을 넣고 더 볶는다.

❷ 유부는 끓는 물에 삶은 다음 2등분해서 채 썬 후 청장, 들기름, 조청에 무치고 겉물이 없을
때까지 볶아 놓는다.

❸ 파프리카도 살짝만 볶아준다.

❹ 당면은 6~7분 삶은 뒤 헹궈서 체에 건져두고 청장, 조림간장, 채수, 설탕을 넣고 양념을 만
들어 끓으면 당면을 넣어 물기가 없을 때까지 조린다.

❺ 당면이 조려지면 볼에 붓고 볶아둔 야채, 견과류, 후추, 참기름을 넣고 무친다.

새송이구이
들깨가루잣가루무침

재료 및 분량

새송이버섯 5개, 들깨가루 2큰술, 잣가루 2큰술, 흑임자 2큰술, 아몬드가루 2큰술, 참기름 1큰술,
소금 약간, 들기름 · 식용유 약간씩, 생강가루 약간

만드는 법

❶ 새송이버섯은 편을 썰어서 끓는 물에 데친 후 소금, 생강가루, 참기름으로 밑간한 다음 구워
   낸다.
❷ 구운 새송이버섯을 들깨가루, 잣가루에 묻힌다.

도라지견과류
초무침

재료 및 분량

도라지 300g, 굵은 소금 1큰술, 잣 · 호두 · 아몬드 1/2큰술씩
- **무침양념** : 고춧가루 2큰술, 청장 2큰술, 통깨 1큰술, 매실액 2큰술, 매실식초 3큰술, 참기름 1큰술

만드는 법

❶ 도라지는 굵은 소금을 뿌려두었다가 숨이 약간 죽으면 바락바락 치대서
    쓴맛을 뺀 다음 한 번 헹궈 채반에 담아 물기를 제거한다.
❷ 견과류는 알갱이가 보일 정도로 다진다.
❸ 고춧가루, 청장, 통깨, 매실액, 매실식초, 참기름을 넣고 무침양념을 만든다.
❹ 도라지와 견과류에 무침양념을 넣고 고루 버무려준다.

버섯두부
들깨무침

재료 및 분량

표고버섯 · 새송이버섯 · 느타리버섯 · 백만송이버섯 50g씩, 셀러리 1대, 구운 두부 3쪽,
당근 1/4개, 청장 1큰술, 들기름 1큰술
• **들깨 소스** : 두부 40g, 들깨가루 3큰술, 견과류 2큰술, 소금 약간,
　　　　　　　올리브유 2큰술, 매실식초 3큰술

만드는 법

❶ 모든 버섯은 먹기 좋은 크기로 썰어서 끓는 물에 데친 후 물기를 제거해
　 둔다. 당근도 같이 데쳐서 찬물에 헹궈둔다.

❷ 두부는 일정한 크기로 썰어 노릇하게 굽고 셀러리는 어슷하게 편으로 썬다.

❸ 두부, 들깨가루, 견과류, 소금, 올리브유, 매실식초를 넣고 갈아 들깨 소
　 스를 만든다.

❹ 큰 볼에 버섯, 두부, 당근, 셀러리를 담고 고루 섞은 후 들깨 소스를 넣고
　 무친다.

김치

황파프리카 백김치

재료 및 분량

배추(중) 1포기, 건표고버섯 5개, 대추 10개, 무 1/2개, 생강 3톨, 홍파프리카 5개,
미나리 30g, 호박씨(잣) 1/4컵
- **풀국물** : 생수 12컵, 우리밀(또는 찹쌀풀) 3큰술, 소금(천일염) 3큰술

만드는 법

❶ 배추는 잎을 떼어서 줄기부분은 소금을 많이 치고 잎부분은 적게 쳐서 2시
   간 정도 절인다.

❷ 절여진 배추는 흐르는 물에 깨끗이 씻어 소쿠리에 건져 물기를 뺀다.

❸ 표고버섯을 불려서 물기 짜고 어슷하게 저며서 얇게 채를 썬다.

❹ 홍파프리카는 길이대로 썰어서 짧게 채를 썬다.

❺ 미나리는 3cm로 썰고 무는 채를 썰어 소금에 살짝 절여서 물을 조금만
   넣고 씻어 체에 밭친다.

❻ 생수에 밀가루, 소금을 넣고 끓여서 풀물을 쑨다.

❼ 풀물에 황파프리카와 생강을 넣어 갈아서 고운 주머니에 넣고 우려낸다.

❽ 무, 표고버섯, 홍파프리카, 미나리, 잣, 단호박씨, 녹차잎을 넣고 섞는다.

❾ 물기 뺀 배춧잎에 ❽의 재료를 넣어 일자로 꼭꼭 싸서 익으면 먹을 때 썬다.

※ 홍파프리카는 색깔도 곱고 국물이 맑아 김치에 넣으면 아주 맛있게 익는다.

※ 황파프리카는 면역력도 높여 주고 저항력도 길러 주며 소화도 돕고 암.
   당뇨, 혈압에 좋다.

깻잎겹겹이
물김치

재료 및 분량

깻잎 20장, 양배춧잎 10장, 절인 무 10장, 비트 10장, 배(소) 1개, 생강 3톨,
매실식초 1/2컵, 매실액 1/4컵, 생강즙 2큰술, 홍파프리카 1개, 구운 소금 1큰술
- **연한 풀국** : 물 2컵, 우리밀 1/2큰술

만드는 법

❶ 끓는 물에 소금을 넣고 불을 끄고 뜨거울 때 양배추를 1/4등분하여 담가 벌어지면 겹겹이 뗀다.

❷ 무는 편으로 썰어 소금과 설탕을 동량으로 넣고 절인 다음 절인 물을 버리고 헹궈 준비한다.

❸ 비트는 얇은 편으로 썰어 첫물은 버리고 두 번째 물에 소금을 넣고 담근다.

❹ 홍파프리카는 곱게 채를 썰고 쌈무는 물에 담궈서 맛을 우려낸다.

❺ 깻잎은 양배추 절인 물에 한 번 담갔다가 건져 물기를 뺀다.

❻ 물에 우리밀을 넣고 끓여서 연한 풀국을 만들어 식히고 배와 생강은 믹서에 넣고 갈아 즙만 짠다.

❼ ❻에 연한 풀국, 매실식초, 매실액, 소금을 넣어 국물을 만든다.

❽ 깻잎, 양배추, 홍파프리카채, 깻잎, 비트, 무, 깻잎 순으로 다발을 만들어 통에 차곡차곡 담고 ❼의 국물을 붓는다.

배추김치

재료 및 분량

배추 20포기, 누른 호박(중) 1/2개, 청장 1컵, 생강 3톨, 홍시 5개, 무즙 2컵, 청각 120g,
찹쌀가루 1컵, 고춧가루 20컵, 소금 2~2½컵, 채수 20컵

- **절임용 소금물** : 1포기당 물 10컵, 소금 1컵
- **뿌리는 웃소금** : 1포기당 소금 1컵

만드는 법

❶ 적은 양을 절일 때는 배추를 반으로 갈라 뿌리 쪽에 칼집을 살짝 주고 절임용 소금물에 적셔 세워서 소금을 뿌리고 다시 줄기 쪽에 웃소금을 뿌린다. 많은 양을 절일 때는 소금물에 적셔 소금 1/2컵씩 배추 반쪽의 줄기에 뿌려주고 8시간 정도 절이고 속이 덜 차면 6시간 절여주고 중간에 뒤집어준다.

❷ 단맛이 빠지지 않도록 한꺼번에 씻지 않고 1포기씩 씻는다.

❸ 평평한 소쿠리에 담을 때는 배추를 엎고 우묵한 소쿠리에 담을 때는 배추를 세워 물기를 뺀다.

❹ 물 2~3컵에 잘게 썬 다시마, 무 1개, 표고버섯 5~6개를 넣고 30분 정도 은근하게 끓여 다시마는 건져내고 30분 더 끓인 다음 모든 재료는 건져내고 누른 호박을 나박하게 썰어 호박이 푹 익을 때까지 은근히 끓인다. 호박이 익으면 건져내고 찹쌀가루 1컵을 넣고 풀을 끓인다.

❺ 삶은 호박은 믹서에 곱게 갈아 ❹의 채수물에 넣는다.

❻ 청각은 헹궈서 바락바락 주물러 푸른 물이 나올 때까지 씻은 다음 잘게 다진다.

❼ ❺에 청장, 홍시, 무즙, 생강즙, 다진 청각, 고춧가루, 소금을 넣고 버무린다.

※ 갓을 쓰면 마지막에 버무려 주고 무를 중간중간 넣으면 무즙은 넣지 않아도 된다.

백김치

재료 및 분량

배추 1포기, 고추씨 1/2컵, 청각
- **절임용 소금물** : 소금 1컵, 물 10컵
- **김치소** : 청각 30g, 무 1/2개, 잣 1큰술, 석이버섯 4장, 밤 · 대추 5개씩, 홍고추 1개
- **김치국물** : 연한 풀국 6컵, 배즙 1컵, 사과즙 1컵, 생강즙 1큰술, 소금 2큰술
- **찹쌀풀** : 물 6컵, 찹쌀가루 1큰술

만드는 법

❶ 절인 배추는 깨끗이 씻어 물기를 제거한다.

❷ 고추씨와 청각은 다시팩에 넣어 묶는다.

❸ 김치소는 청각을 2.5cm 크기로 썰고 무, 석이, 밤, 대추, 홍고추는 채를 썰어 소금 간을 하고 잣을 넣는다.

❹ 풀국을 연하게 끓여 식힌 다음 생강, 과일즙을 넣고 소금으로 간을 맞춘 후 붓는다.

❺ 통을 준비한 다음 다시팩을 밑에 넣고 배추 사이사이에 김치소를 넣은 후 통에 담는다.

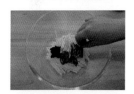

얼갈이열무
물김치

재료 및 분량

열무 2단, 얼갈이 2단, 다진 생강 1큰술, 홍파프리카 3개, 홍고추 5개
- **풀물** : 보리쌀 1/2컵, 감자 2개, 다시마(15cm) 1장, 물 10컵
- **양념** : 고춧가루 1/2컵, 소금 3큰술, 홍고추 2개, 청양고추 2개, 재피잎 40g

만드는 법

❶ 열무와 얼갈이는 5cm 길이로 썰어 깨끗이 씻어 켜켜로 놓아 소금을 치고 절여지면 물에 가볍게 헹궈 체에 밭쳐 물기를 뺀다.

❷ 보리쌀은 깨끗이 씻고 감자는 껍질을 벗기고 썰어 다시마와 물을 넣고 10 분 정도 끓인 다음 다시마는 건져내고 중 · 약불로 해서 보리쌀이 퍼지면 윗물 따라내어 보리쌀과 감자를 믹서에 넣고 갈아서 풀물을 완성한다.

❸ 파프리카, 홍고추, 생강을 믹서에 넣고 갈아서 망에 넣고 짠다.

❹ 청양고추와 홍고추는 송송 썬다.

❺ 풀물에 ❸을 넣고 청양고추, 홍고추, 재피잎, 고춧가루, 소금을 넣고 섞어 준 다음 열무와 얼갈이를 넣고 섞어 통에 담는다.

※ 재피는 잎이 크고 넓은 것을 사용하면 좋고 7월 중순이 제철이다. 살균, 면역 효과가 있다.

※ 풀물에 감자의 역할은 열무나 얼갈이 배추의 쓴맛도 완화시키고 발효를 더디게 진행시킨다.

오이소박이

재료 및 분량

조선오이 6개, 무 1/2개, 배 1개, 오미자액 1컵, 소금 조금, 백년초가루 1작은술
- **소금물** : 물 1ℓ, 소금 100g

만드는 법

❶ 오이는 굵은 소금으로 문질러 깨끗이 씻은 다음 2~3등분하여 젓가락으로 원을 그리듯이 둥글게 판다.

❷ 소금물에 40분 정도 절인다.

❸ 배는 강판에 갈아서 오이 속과 같이 짜서 즙을 준비한다.

❹ 무는 곱게 채를 썰어 소금, 오미자액, 백년초가루를 넣고 버무린다.

❺ 속을 파낸 오이 속에 ❹를 채워 넣는다.

❻ 통에 무채 남은 것이 있으면 밑에 깔고 오이 담고 남은 국물을 끼얹어 숙성시킨다.

바로 먹는 연근물김치

재료 및 분량

연근 2개, 배 1/4개, 사과 1/4개, 오이고추 1개, 홍파프리카 1/2개,
황파프리카 1/2개, 생강 1쪽, 레몬 1개, 석류 1/4개, 오미자청, 생수, 식초

만드는 법

❶ 연근은 얇게 썰어서 데쳐서 준비해둔다.

❷ 배, 사과는 나박하게 썰고 오이고추, 파프리카는 네모지게 썰고 석류는
  알을 떼어낸다.

❸ 생수에 오미자청을 희석한 다음 식초, 레몬즙, 소금으로 간을 맞춘 후 연
  근, 배, 사과, 오이고추, 파프리카, 석류를 넣고 섞어서 통에 담는다.

바로 먹는
돼지감자나박김치

재료 및 분량

돼지감자 500g, 배추 6잎, 미나리 1장, 오이 1개, 홍 · 황파프리카 1/2개씩, 연근 50g

- **김치국물** : 연한 풀국 5컵, 사과 1개, 황파프리카 1개, 매실식초 6큰술,
사과식초 3큰술, 소금 1큰술
- **연한 풀국** : 생수 8컵, 우리밀 1큰술

만드는 법

❶ 돼지감자는 깨끗이 손질하여 얇게 썬다.

❷ 야채는 작은 크기로 나박하게 썬다.

❸ 연근을 썰어서 끓는 물에 데친다.

❹ 황파프리카, 사과는 믹서에 갈아서 자루에 넣어 즙을 낸다.

❺ 준비한 야채, 돼지감자, 배추는 소금물에 10분 정도 담가 살짝 절인 다음
소쿠리에 건져둔다.

❻ 연한 풀국을 준비하여 황파프리카와 사과즙을 넣고 식초와 소금으로 간
을 한 다음 돼지감자, 배추, 연근을 넣고 섞는다.

자소잎차

재료 및 분량

자소잎 300g, 물 4ℓ, 꿀 3컵, 레몬 15개

만드는 법

❶ 물이 팔팔 끓으면 자소잎을 넣어 20분간 끓인다.
❷ 붉은 물이 빠지면서 식을 때까지 기다린다.
❸ 레몬즙을 짜서 넣는다.
❹ 면보에 찌꺼기를 걸러주고 꿀을 섞는다.

편강

재료 및 분량

생강 1kg, 설탕 800g

만드는 법

❶ 생강은 껍질을 벗기고 한 번 헹군 뒤 물기를 빼고 김이 오른 찜기에 노란
  빛이 투명하게 나도록 찐 다음 설탕에 버무려둔다.

❷ 설탕이 다 녹으면 생강의 수분도 빠진다.

❸ 둥근 팬에 졸이듯이 불을 조금씩 줄여가면서 팬에서 볶는다.

❹ 수분이 날아가고 건조할 때까지 볶은 다음 식혀서 통에 담는다.

※ 불 조절이 중요하다.

단호박양갱

재료 및 분량

단호박 300g, 한천가루 12g, 물 1/2컵, 우유 1컵, 설탕 3큰술, 소금 약간, 올리고당 2큰술

만드는 법

❶ 단호박은 씨를 제거하고 찜기에 쪄서 속살만 파내어서 우유를 넣고 퓨레를 만들어준다.
❷ 냄비에 한천가루를 30분 정도 불려준다.
❸ 불에 올려서 한천을 끓이다가 설탕, 소금을 넣고 녹여준 다음 끓여준다.
❹ 어느 정도 끓여졌으면 단호박퓨레를 넣고 은근히 끓여 올리고당을 넣고 저어가면서 조금 더 끓인 뒤 틀에 부어서 굳힌다.

포도양갱

재료 및 분량

포도과즙 2컵, 한천가루 12g, 설탕 3큰술, 소금 약간, 올리고당 1큰술, 물 1/4컵

만드는 법

❶ 포도는 알알이 따서 깨끗이 씻은 후 은근히 끓여서 체에 거른다.
❷ 냄비에 한천가루를 30분 정도 불려두었다가 설탕, 소금을 넣고 끓여준다.
❸ 엉키게 끓여졌으면 포도즙을 넣고 은근하게 끓이다가 올리고당을 넣고 저어가면서 조금 더 끓인 뒤 틀에 부어 완성한다.

팥양갱

재료 및 분량

팥 2컵(500g), 설탕 1컵, 팥물 1/2컵, 소금 약간, 계핏가루 1작은술, 한천가루 12g, 물 250cc, 올리고당 2큰술

만드는 법

❶ 팥은 깨끗이 씻어서 한 번 끓으면 물을 버리고 새 물을 부어서 서서히 끓인다.
❷ 체에 밭쳐서 앙금을 가라앉히고 나서 면보자루에 넣고 짜서 준비해둔다.
❸ 앙금과 설탕 1컵, 계핏가루 · 소금 약간을 넣고 끓인다.
❹ 한천가루와 물을 넣고 30분 정도 불려준 다음 중불에 저어가면서 끓여준다.
❺ 어느 정도 끓여 걸쭉한 느낌이 들면 앙금을 졸인데 부어서 계속 졸여가면서 끓인다. 밤이나 견과류를 다양하게 넣어도 된다.
❻ 양갱틀에 부어서 굳힌다.

검은콩정과

재료 및 분량

검은콩 100g, 설탕 40g, 물엿 20g, 생강가루 1/2작은술, 계핏가루 1/2작은술

만드는 법

❶ 검은콩은 깨끗이 씻어 불린 다음 살짝 쪄서 말린다.

❷ 튀김솥에 기름을 넣고 검은콩을 튀긴다.

❸ 설탕, 물엿, 생강가루, 계핏가루, 물을 넣고 큰 거품이 생기면 튀긴 콩을 넣고 버무린다.

❹ 넓은 판에 부어서 알알이 떨어지게 펼쳐서 식힌다.

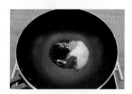

연근잼

재료 및 분량

연근 150g, 흑설탕 150g, 견과류 50g, 물 1컵, 올리브유 2큰술,
계핏가루 1작은술, 소금 약간

만드는 법

❶ 연근은 다져서 물에 한 번 헹군다.
❷ 견과류는 다져서 준비한다.
❸ 물과 흑설탕을 넣고 설탕이 녹을 때까지 끓인 다음 연근 다진 것을 넣고 서서히 조려 아삭아
  삭한 잼이 되도록 한다.
❹ 다진 견과류와 올리브유는 잼을 먹을 때마다 섞어서 먹는다.

※ 연근은 탄수화물의 흡수속도를 늦추고 노폐물 제거에 도움을 주고 피를 맑게 해주는 역할을
  하며 몸속의 어혈을 정화시켜준다.
※ 연근은 가을이 제철이며 암놈은 전분이 많고 수놈은 전분이 적다.

오이지

장아찌, 된장

재료 및 분량

오이(20~25개) 5kg, 왕소금 500g, 설탕 500g, 식초 0.9ℓ

만드는 법

❶ 오이는 깨끗이 씻어 넓은 그릇에 담고 오이 한 켜 소금 한 켜 반복하여 12시간 동안 절인다.

❷ 충분히 절여지면 뒤집어서 오이 위에 소금을 뿌리고 12시간 동안 절인다.

❸ 오이가 절여져서 출렁출렁할 정도가 되면 설탕, 식초를 넣고 팔팔 끓여 절여진 오이 두 개씩을 담갔다가 바로 건진다.

❹ 오이를 그릇에 담고 무거운 것으로 눌러 3일째가 되면 통에 오이를 담고 설탕과 식초를 팔팔 끓여 식혀서 부어서 냉장보관한다.

※ 오이를 무거운 것으로 눌러주는 것은 짠맛과 수분이 배출되게 한다.

※ 물이 들어가지 않아도 2~3일 지나면 오이 위로 물이 찰랑하게 되고 먹을 수 있다.

※ 여름철 냉국, 샐러드, 오이무침으로 해 먹으면 좋다.

오이지 무침

❶ 오이지를 얇게 썰어 매실액, 통깨를 넣고 무친다.

매실장아찌

재료 및 분량

청매실 5kg, 설탕 4kg, 소금 350g

만드는 법

❶ 청매실은 물에 소금을 풀어서 매실을 씻고 찬물에 헹궈 물기를 제거한다.

❷ 매실을 적당한 크기로 저며서 썬다.

❸ 설탕에 버무려서 15일 실온에 두고 저어주면서 설탕을 녹인다.

❹ 16일 되는 날 건져서 매실에 녹아 있는 설탕물을 붓는다.

❺ ❹에다 소금을 넣어 골고루 버무려서 통에 담고 냉장고에 보관하고 3개월 후 숙성이 되면 먹는다.

무말랭이
고춧잎장아찌

재료 및 분량

무말랭이 300g, 고춧잎 30g(마른 것), 고춧가루 1½컵, 통깨 2큰술, 흑깨 2큰술, 소금 약간
- **조림장** : 채수(무말랭이 · 고춧잎 불린 물) 1컵, 청장 1/2컵, 조림간장 1컵, 생강 3톨,
　　　　조청 1컵, 배즙(사과즙) 1컵
- **무말랭이 불릴 때** : 채수 2컵
- **고춧잎 불릴 때** : 채수 1/2컵

만드는 법

❶ 무는 파란 부분이 많고 통통한 것으로 골라 4cm×2cm로 썰어서 소금에
　살짝 절여서 말린다.

❷ 무말랭이를 씻어 채수를 부어 불어지면 체에 받쳐둔다.

❸ 고춧잎을 헹궈서 채수에 불려 살짝 짠다.

❹ 냄비에 무 · 고춧잎 불린 물과 배즙, 청장, 조림간장, 생강편, 조청을 넣고
　40~50분간 서서히 조려 조림간장을 만든다.

❺ 조림간장을 체에 거르고 식으면 고춧가루, 통깨, 흑깨, 불린 무말랭이, 불
　린 고춧잎을 넣고 버무려 준다.

※ 깻잎, 무말랭이는 찹쌀풀을 넣지 않는다.

※ 조림간장은 은근하게 끓이는 것이 중요하다.

우엉장아찌

재료 및 분량

우엉 400g, 채수 1컵, 식초 1컵, 조림간장 1/2컵, 청장 1/4컵,
조청(올리고당) 1컵, 생강 3쪽

만드는 법

❶ 우엉은 껍질을 벗기지 않고 수세미로 씻은 다음 두께 0.4~0.5cm로 슬라이스한다.

❷ 냄비에 채수, 조림간장, 식초, 청장, 올리고당, 생강을 넣고 끓으면 불을 낮춰 15분 더 끓여서 한 김 나가면 우엉에 붓는다.

❸ 3일 후 실온에 둔 우엉물을 따라내어 다시 끓인 다음 붓기를 3회 반복하여 냉장고에 보관한다.

※ 연근, 돼지감자도 같은 방법으로 하면 좋으며, 연근은 뜨거울 때 바로 붓는다.

※ 우엉은 장운동을 원활하게 하고 철분이 많아 빈혈예방과 조혈작용, 혈당조절, 호르몬분비조절작용이 있어 사찰음식의 필수품이다.

톳장아찌

재료 및 분량

마른 톳 200g, 조림간장 1컵, 청장 1/4컵, 매실청 1/4컵, 채수 1컵,
고추장 2큰술, 조청 1컵, 설탕 1/4컵, 생강가루, 후추 약간

만드는 법

❶ 톳은 찬물에 식초, 소금을 넣고 살짝 씻어서 헹구어 물기를 뺀다.

❷ ❶에 채수 1/3과 조림간장 1/3을 넣어 버무려 둔다.

❸ ❷에 물기가 없으면 다시 채수 1/3과 조림간장 1/3을 부어 버무려 둔다.

❹ 냄비에 남은 채수 1/3, 남은 조림간장 1/3, 청장, 설탕, 생강가루, 후추, 조청을 넣고 은근하
게 끓인다. 고추장을 넣을 경우에는 청장 대신 고추장 2큰술을 넣는다.

❺ ❹가 한 김 나가면 뜨거울 때 톳에 붓고 한 달 정도 두고 먹을 수 있다.

새송이장아찌

재료 및 분량
새송이버섯 500g, 조림간장 2컵, 청장 1/3컵, 물 1컵, 건고추 3개

만드는 법
❶ 새송이는 끓는 물에 데친 다음 꾸덕하게 말린다.
❷ 조림간장, 청장, 건고추, 물을 넣고 은근히 달인다.
❸ 달임장에 새송이를 넣고 고루 섞은 다음 새송이는 건져내고 달임장은 한번 더 끓여서 새송이에 붓는다.
❹ 두 번 정도 반복한다.

머위장아찌

재료 및 분량

머위 500g, 진간장 1컵, 물 1컵, 식초 1/2컵, 매실액 1/2컵, 건홍고추 5개,
통후추 10알, 감초 3쪽

만드는 법

❶ 머위는 깨끗이 씻은 다음 살짝 데친다.

❷ 찬물에 헹궈 야채탈수기에 넣고 물기를 제거한다.

❸ 진간장, 식초, 매실액, 건고추, 후추, 감초, 물을 넣고 20분 정도 은근하
게 끓인다.

❹ 식으면 머위에 붓고 3일 후 머위를 건져내고 남은 국물에 다시 물을 1/4
컵을 넣고 은근하게 20분 정도 끓인 다음 식혀서 붓는다.

❺ 3일 후 한 번 더 반복한다.

※ 뽕잎은 장아찌 만들어서 금방 먹으면 질기고 1년 묵히면 부드러워진다.
　먹을 때 무채(소금+설탕+식초에 살짝 절이기)와 섞어서 같이 무치면 씹
　는 촉감이 좋다.

※ 헛개잎은 장아찌로는 맛이 별로이고 쌈 사먹기로는 좋다.

※ 자소(차조기)는 레몬즙과 배합해야만 맛이 부족하지 않다(궁합이 잘 맞다).

※ 오디는 설탕에 재워 두었다가 샐러드에 그냥 넣어도 된다.

김장아찌

재료 및 분량

김 50장, 조림간장 1컵, 채수 1½컵, 조청 1컵, 고추장 3큰술, 통깨 2큰술,
생강 150g, 잣 3큰술, 설탕 1큰술

만드는 법

❶ 김은 가로로 3등분, 세로로 3등분을 하여 9등분을 낸다.

❷ 생강은 곱게 채를 썰고 잣은 칼로 다진다.

❸ 냄비에 채수, 조림간장, 조청, 설탕을 넣고 조린다.

❹ 조린 장을 그릇에 담고 한 김 나가면 고추장, 생강, 통깨를 넣고 양념장을 만든다.

❺ 양념이 식으면 김을 담갔다가 건져 아래 · 위로 번갈아 뒤집어 촉촉하게 간이 배이도록 한
   다음 양념장에 있는 생강과 잣가루를 사이사이에 올린다.

대추장아찌

재료 및 분량

김말랭이 1컵, 대추 300g, 고추장 1/2컵, 조림간장 1/2컵, 조청 1/2컵,
소금 약간, 생강가루 약간, 매실액 1/4컵

만드는 법

❶ 대추를 깨끗이 씻어서 돌려깎아 씨를 제거한 후 돌돌 말아서 손으로 꼭꼭 쥔다.
❷ 조림간장, 조청, 생강가루를 넣고 은근하게 달인 다음 고추장을 섞어 식힌다.
❸ 식힌 양념에 대추를 넣고 고루 버무린다.

※ 대추는 불안증, 우울증, 스트레스, 불면증 해소에 효과적이며 천연신경안정제 역할을 한다.
  따뜻한 성질을 가지고 있어 몸과 장을 따뜻하게 하며 수족냉증이 있는 분에게 도움이 된다.
※ 노화예방, 면역력 강화, 호흡기질환 예방 및 치료에 도움이 된다.

콩잎간장
된장장아찌

재료 및 분량

콩잎 400g, 양조간장 1컵, 청장 1/4컵, 생수 1컵, 된장 2큰술, 조청이나 올리고당 1컵,
매실액 1/2컵, 매실식초 1/4컵, 편생강 10개

만드는 법

❶ 콩잎은 깨끗이 씻어서 소금물에 절였다가 꼭 짜둔다.

❷ 양조간장, 청장, 생수, 조청, 매실액을 넣고 끓여 식힌다.

❸ 식초, 된장을 넣고 믹서에 간다.

❹ ❷와 ❸을 섞은 다음 콩잎에 자작하게 부어서 15일간 발효시킨다.

두부장아찌

재료 및 분량

두부 2모, 진간장 1/2컵, 청장 1/4컵, 생강가루 1작은술, 조청 1큰술, 설탕 1큰술,
채수(표고버섯, 다시마, 무 우린 물) 2컵, 식용유 조금

만드는 법

❶ 두부는 3등분을 한다.

❷ 두부는 수분을 제거하여 식용유를 두른 팬에 4면을 바싹하게 굽는다.

❸ 냄비에 채수, 청장, 진간장, 생강가루, 조청, 설탕을 넣고 끓인다.

❹ 구운 두부를 ❸에 넣고 4면을 다 굴려준다.

❺ 두부를 건져내고 간장을 끓여 다시 부어 두부에 간이 들면 건져내거나 그
대로 담가두어도 된다.

초생강

재료 및 분량

생강 500g, 설탕 1/2컵, 식초 1/2컵, 소금 2큰술

만드는 법

❶ 생강은 껍질을 벗기고 얇게 썬 다음 찜기에 넣고 노란색이 투명하게 찐다.
❷ 생강을 소쿠리에 담아 물기를 뺀다.
❸ 설탕, 식초, 소금으로 버무려 저장한다.

생깻잎
된장양념지

재료 및 분량

깻잎 12단, 채수 2컵, 조림간장 1/4컵, 조청 1/3컵, 된장 3큰술, 고운 고춧가루 4큰술,
생강가루 약간, 통깨 2큰술, 청양고추 5개, 홍고추 2개, 들깨가루 2큰술, 매실액 1/4컵,
소금 1큰술

만드는 법

❶ 깻잎은 소금물에 담갔다가 바로 건져 물기를 뺀다.

❷ 청양고추, 홍고추는 씨 채로 곱게 다진다.

❸ 된장에 채수를 넣고 믹서에 곱게 갈아 된장물을 만든다.

❹ 냄비에 된장물, 채수, 조림간장, 조청, 생강가루를 넣어 끓으면 불을 줄이
고 은근하게 달이듯이 끓인다.

❺ ❹를 식혀서 들깨가루, 고춧가루, 청·홍고추 다진 것, 매실액, 통깨를 넣
고 양념을 만든다.

❻ 깻잎 2장씩 겹쳐서 양념을 고루 바른다.

팽이버섯
간장절임

재료 및 분량

팽이버섯 300g

- **달임장** : 청장 1/4컵, 조청간장 1/4컵, 채수 1컵, 다시마 1장, 표고버섯 3장, 무 200g,
생강 3톨, 대추 5개, 물 6컵, 조청 2큰술, 매실식초 2큰술, 설탕 2큰술

만드는 법

❶ 팽이버섯은 밑동을 자른 후 끓는 물에 살짝·데쳐서 물기를 제거해둔다.
❷ 달임장 재료를 모두 넣고 끓이다가 다시마를 먼저 건져내고 약불에 은근
하게 달인다.
❸ 간장이 식으면 팽이버섯에 부어준다.
❹ 1~2시간 지나면 바로 먹을 수 있다.

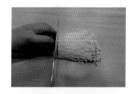

※ 팽이버섯은 항산화작용, 간기능 강화(간의 해독)를 도와주고 노화방지에
도 효능이 있으며 심혈관예방, 엽산보충, 다이어트 및 골다공증 예방, 치
매예방과 기억력 증진에 좋다.

물미역초절임

재료 및 분량

물미역 1단, 레몬 1/2개, 청양고추 3개

- **초절임 간장** : 양조간장 1컵, 매실식초 1컵, 청장 1/4컵, 생수 2컵, 설탕 4큰술

만드는 법

❶ 물미역은 굵은소금을 넣고 치대어 씻고 끓는 물에 데친 다음 물기를 짜서 5cm 길이로 가지런히 썰어서 차곡히 담아둔다.

❷ 레몬은 식초를 넣고 깨끗이 씻은 다음 반달로 썰어서 미역 위에 얹고 청양고추도 어슷썰기를 하여 넣어준다.

❸ 초절임 간장을 끓여서 식으면 미역에 부어준다.

❹ 즉시 먹을 수 있다.

당귀장아찌

재료 및 분량

당귀 400g
- **달임장** : 청장 1½컵, 매실액 ½컵, 매실식초 ½컵, 설탕 3큰술, 정종 1컵,
  감초 2쪽, 생수 1컵, 고추씨 3큰술

만드는 법

❶ 당귀는 깨끗이 씻어서 물기를 제거하고 차곡차곡 담는다.
❷ 달임장을 약한 불에 달여서 한 김 나가면 당귀에 부어준다.
❸ 숨이 숙으면 바로 달임장을 따르고 끓인 다음 식으면 부어준다.
❹ 4~5일 지나면 한 번 더 끓여서 붓기를 3회 반복한다.

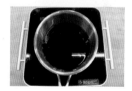

강된장

재료 및 분량

된장 4큰술, 표고버섯 5장, 청양고추 7개, 홍고추 3개, 감자 1개, 채수 2컵,
표고버섯가루 1큰술

- **채수** : 다시마, 표고버섯 등을 넣고 끓인 물

만드는 법

❶ 표고버섯은 불려서 곱게 다진다.
❷ 청 · 홍고추는 씨도 넣고 다진다.
❸ 감자는 강판에 간다.
❹ 냄비에 채수를 붓고 표고버섯 다진 것을 넣고 끓으면 된장과 표고버섯가
  루를 섞어서 넣고 끓으면 청 · 홍고추 다진 것을 넣고 끓으면 불을 줄여
  감자를 넣고 잘 저어주면서 끓인다.

떡

쪄서 바로 먹는 감자떡

재료 및 분량

감자 7개, 단호박가루 1작은술, 백년초가루 1작은술, 녹차가루 1작은술,
감자전분 3큰술, 소금
• **강낭콩소** : 강낭콩 1컵, 설탕 1큰술, 꿀 2큰술

만드는 법

❶ 감자는 강판에 갈아서 건지와 물을 분리하고 윗물은 버리고 녹말은 30분 정도 가라앉힌다.

❷ 살짝 짠 감자건지와 가라앉힌 녹말앙금을 넣고 골고루 치대고 소금과 감자전분을 넣고 골고루 잘 치댄 다음 단호박가루, 백년초가루, 녹차가루를 넣고 반죽을 3등분한다.

❸ 강낭콩은 물을 적게 부어 소금을 넣고 거의 물이 없을 때까지 조려서 설탕과 꿀을 넣고 섞는다.

❹ 반죽을 밤톨 만큼 떼서 모양을 잡아 소를 넣고 오므려 송편을 빚는다.

❺ 김이 오른 찜기에 20분 찌고 난 다음 참기름을 바른다.

※ 감자떡의 단점은 식으면 딱딱해진다.

마떡

재료 및 분량

마(30~40cm) 1개, 잣 1/3컵, 대추 10개, 흑깨 1/3컵, 소금 약간, 꿀 1~2큰술

만드는 법

❶ 마는 껍질을 벗겨 두께 1cm로 동글동글하게 썬다.

❷ 잣과 대추는 곱게 다진다.

❸ 흑임자는 커트기 순간동작으로 4번 정도만 돌린다.

❹ 찜솥에 물을 올려서 찜기에 김이 오르면 마를 올리고 소금을 뿌려 투명하게 찐다.

❺ 마에 꿀을 살짝 바르고 잣고명, 대추고명, 흑임자고명 순으로 묻힌다.

※ 사찰에서는 마를 즐겨 먹는 편이다.

※ 노인들이 먹으면 소화흡수가 잘 되고 당뇨, 고혈압에 좋고 단백질 흡수를 도와주는 역할을 한다.

송편

재료 및 분량

멥쌀가루 각 3컵씩, 멥쌀흑미가루 3컵, 설탕(멥쌀가루 3컵에 설탕 1큰술)
- 색내기 재료 : 포도 1송이, 단호박 1/3개, 녹차가루 2큰술

〈송편소〉
- **깨소** : 깨 1/2컵, 설탕 2큰술, 소금 약간
- **밤소** : 밤 삶아서 속 판 것 1컵, 설탕 2큰술, 소금 약간
- **콩소** : 양대콩 1컵, 설탕 2큰술, 소금 약간

만드는 법

❶ 멥쌀은 8~12시간 정도로 충분히 불린다.

❷ 각 멥쌀가루 3컵씩 5색을 만들기 위해 멥쌀가루 3컵씩에 설탕 1큰술을 넣고 준비한다.

❸ 보라색은 포도송이를 알알이 떼서 두꺼운 냄비에 올려놓고 뭉그러질 때까지 기다렸다가 체에 내려 즙을 낸다.

❹ 단호박을 찌거나 으깨서 사용한다.

❺ 멥쌀가루에 포도즙, 녹차가루, 단호박 찐 것, 흑미멥쌀가루로 익반죽하여 5색을 낸다.

❻ 반죽을 손으로 집어서 떨어뜨렸을 때 흐트러지지 않는 정도로 매끈하게 오래 치대어 반죽을 완성하여 면보를 꼭 짜서 덮어둔다.

❼ 깨는 노릇하게 볶아 커트기에 보드랍게 갈아 설탕과 소금을 섞어 준비한다.

❽ 밤은 삶아 속을 파내서 설탕과 소금을 넣어 준비하고 콩은 물을 조금 적게 사용해서 삶아 설탕, 소금을 넣어 조려서 사용한다.

❾ 김 오른 찜기에 송편을 넣고 30~40분 동안 충분히 찐다.

❿ 찜기 베보자기의 네 귀퉁이를 들어서 그대로 펼쳐 놓고 하나씩 참기름을 바른다.

쑥부꾸미

재료 및 분량

찹쌀가루 1½컵, 멥쌀가루 1/2컵, 생쑥 200g

- **부꾸미소** : 고구마 2개, 대추 7개, 감말랭이 30g, 블루베리(건) 2큰술, 호박씨 1큰술,
  꿀 2큰술, 소금 약간, 계핏가루 1작은술

만드는 법

❶ 찹쌀과 멥쌀은 8시간 충분히 불려서 빻아 둔다.

❷ 찹쌀가루와 멥쌀가루에 생쑥을 넣어 익반죽을 한 다음 골고루 힘주어 치대어 둔다.

❸ 직경 4cm 완자를 만들어 동글납작하게 반대기를 지어 둔다.

❹ 고구마는 찜기에 쪄서 으깨어 둔다.

❺ 감말랭이와 대추 · 호박씨는 다져 둔다.

❻ ❹와 ❺를 합하여 골고루 섞은 다음 소금 간을 하고 블루베리를 혼합하여 타원형 소를 만든다.

❼ 기름 두른 프라이팬에 ❸을 넣고 한 면이 익으면 뒤집어 소를 넣고 반으로 접어 완전히 익힌다.

❽ 설탕을 깔아 놓은 접시에 하나씩 붙지 않도록 놓는다.

❾ 부꾸미를 예쁜 접시에 돌려 담고 꽃잎으로 고명을 올려 장식한다.

※ 생쑥을 넣어 반죽하면 달라 붙지 않는다.

방울증편

재료 및 분량

멥쌀가루 500g, 생막걸리 200cc, 설탕 110g, 소금 5g, 물 200cc

만드는 법

❶ 멥쌀가루는 증편용으로 아주 곱게 갈아서 중간체에 내린다.

❷ 실온의 생막걸리, 설탕, 소금, 물을 넣어 충분히 저어준 다음 쌀가루를 넣고 반죽 상태는 수저로 떠서 떨어뜨렸을 때 줄줄 흐를 정도의 농도로 한다.

❸ 반죽이 완성되면 윗면을 면보로 덮어주고 가장 따뜻한 곳에 4시간 정도 1차발효를 한다.

❹ 반죽 표면이 갈라지면 주걱으로 저어서 가스를 빼준 다음 면보를 덮고 2시간 정도 2차발효를 한다.

❺ 한 번 더 가스를 빼준 다음 1시간 정도 면보를 덮지 않고 실온에서 3차발효를 한다.

❻ 발효가 되면 가스를 빼고 증편틀에 기름을 살짝 바르고 9부 정도 채워 바닥을 쳐서 가스를 뺀다.

❼ 찜기를 올리고 불을 켜서 중약불로 15분 찌고 센 불로 올려 15분간 찐 다음 불을 끄고 5분 정도 둔다.

봄쑥경단

재료 및 분량

쑥 60g, 연근 1개, 찹쌀가루 3컵, 쌀가루, 소금 약간
- **경단고물** : 아몬드가루, 팥가루, 흑임자가루

만드는 법

❶ 쑥은 송송 다진다.
❷ 연근은 강판에 갈아서 물기를 짜고 건더기를 준비한다.
❸ 찹쌀가루, 쌀가루는 체에 내린다.
❹ ❶, ❷, ❸을 섞어서 동글동글하게 경단을 만든다.
❺ 끓는 물에 경단을 삶아서 떠오르면 찬물을 부어 다시 떠오르면 얼음물에
   담가 건진 다음 고물을 입힌다.

두부단호박 연근스테이크

재료 및 분량

두부 1모, 단호박 250g, 연근(소) 150g, 표고버섯 5장, 당근 1/4개, 청양고추 3개, 현미밥 50g, 아몬드(들깨가루) 2큰술, 글루텐 1컵, 참기름 2큰술, 소금, 식용유, 애기새송이버섯 150g
- **두부 밑간** : 청장 2큰술, 참기름 2큰술
- **소스** : 오디엑기스(블랙베리) 1/2컵, 식초 1/4컵, 채수 1/2컵, 전분 1큰술
- **가니쉬** : 조림간장 2큰술, 올리고당 2큰술, 참기름 1큰술, 통깨

만드는 법

❶ 두부는 으깨어 청장, 참기름으로 밑간을 하여 치댄다.

❷ 연근은 1/2개는 다지고 1/2개는 강판에 간다.

❸ 표고버섯, 당근, 청양고추는 곱게 다진다.

❹ 단호박은 쪄서 뜨거울 때 으깨고 새송이버섯은 데친다.

❺ 밑간한 두부에 다진 연근, 표고버섯, 당근, 청양고추를 넣고 현미밥, 단호박, 소금, 글루텐을 넣고 오래 치대어 찰기가 생기게 한다.

❻ ❺를 햄버거모양으로 잡아 팬에 기름을 많이 넣어 굽는다.

❼ 오디엑기스, 식초, 채수를 넣고 데친 새송이버섯 1/2을 넣고 끓으면 전분 물을 풀어서 농도 맞추고 소금, 후추를 넣는다.

❽ 데친 새송이버섯을 조림간장, 올리고당, 참기름, 통깨에 조려서 가니쉬로 놓는다.

※ 연근은 몸 속의 독성물질을 배출시키고 혈액을 맑게 해주어 여자에게 좋고 지혈작용이 있으며 비타민 C가 많고 전분이 많아 비타민 손실을 막아준다.

※ 단호박은 섬유질과 베타카로틴이 많아 피부노화방지 효과가 있으며 심장 질환에도 좋으며 원기도 회복시켜준다.

※ 생연근에 요쿠르트를 넣고 갈아서 먹으면 속이 편하다.

치자무피클

재료 및 분량

무 1/2개

- **소스** : 치자 3개, 건고추 2개, 청양고추 3개, 통후추 10알, 소금 2큰술
- 매실식초(사과식초) 1컵 설탕 1컵, 물 1컵

만드는 법

❶ 무를 4cm×5cm×1cm로 도톰하게 썬다.
❷ 치자, 건고추, 통후추를 물에 담가 노란물이 우러나면 설탕, 식초, 소금을
  넣고 살짝 끓여서 소스를 만든다.
❸ 무를 통에 담고 소스를 바로 붓고 뚜껑을 닫는다.

※ 김밥용 단무지로도 사용한다.

브로콜리
콜리플라워피클

재료 및 분량

브로콜리 500g, 콜리플라워 500g, 홍고추 3개, 홍 · 황파프리카 1/2개씩

- **소스** : 매실식초 2½컵, 물 2컵, 설탕 1½컵, 소금 2큰술, 월계수잎 2장,
  통후추 5알, 정향 5알, 생강 15g

만드는 법

❶ 식초, 물, 설탕, 소금, 월계수잎, 통후추, 생강, 정향을 넣어 끓기 시작하면 불을 줄인 다음
10~20분쯤 더 끓인다.

❷ 브로콜리, 콜리플라워, 홍고추, 홍 · 황파프리카를 병에 담아 소스가 뜨거울 때 바로 붓고 뚜
껑을 닫는다.

※ 사찰에서는 아침에 브로콜리, 홍 · 황파프리카, 양배추 등을 된장 소스에 찍어 먹는다. 된장
소스는 채수, 된장, 견과류, 통깨를 넣어 믹서에 갈아 묽게 만든다.

두부샌드위치

재료 및 분량

호밀빵 8장, 두부 1모, 감자 1개, 버섯 150g, 토마토 2개, 양상추 3장,
블루베리 · 크린베리 1큰술씩, 땅콩 2큰술, 아몬드 2큰술, 올리브유 1큰술,
매실식초 5큰술, 물 1큰술, 소금 약간, 후추 약간

만드는 법

❶ 두부 1/2모는 편으로 썰어 노릇하게 튀기듯이 구워준다.

❷ 두부 1/2모는 올리브유, 매실식초, 소금, 견과류, 물을 넣고 믹서에 곱게
   간다.

❸ 감자는 껍질을 벗겨서 삶은 다음 으깬다.

❹ 버섯은 소금, 후추를 넣고 살짝 볶는다.

❺ 양상추는 물에 담갔다가 씻어서 물기를 제거한다.

❻ 베리와 견과류를 다진다.

❼ 토마토는 슬라이스해 둔다.

❽ ❷, ❸, ❻을 섞어서 식빵에 바르고 양상추, 토마토, 두부를 올린다.

바나나견과류
쿠키

재료 및 분량

바나나 1/2개, 붉은 통수수 1컵, 통들깨 1¼컵, 들깨가루 5큰술,
블루베리 · 크린베리 2큰술씩, 호박씨 · 해바라기씨 · 다진 대추 2큰술씩,
소금 약간

만드는 법

❶ 바나나는 껍질을 벗기고 으깨어 통수수 외 모든 견과류를 다져서 넣고 소
금을 넣어 잘 치대어 둥글게 뭉쳐서 컵으로 눌러준 다음 건조기에 넣고
말린다.

※ 오븐에 구워도 된다.

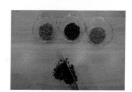

■ 저자 소개

묵신스님

1989 인벽스님을 은사로 출가
1995 동학사승가대학 대교과 졸업
부산 대운사 사찰음식 강의
부산 차음식 사찰음식 전시
대구 달성군 문화센터 사찰음식 강의
대구 달성군 사찰음식 운영위원(현재)
대구 음식박람회 사찰음식 전시
사찰음식연구소 운영 강의(현재)

강시화

대구보건대학교 호텔외식산업학부 강사
대구여성회관 떡, 혼례음식 전문강사
(사)한국향토음식진흥원 선임연구원(이사)
한국산업기술검정원 기능사감독위원
대구광역시종합복지관 혼례음식 강사

저서
Korean Food Styling(백산출판사)
한식디저트(백산출판사)
발효저장음식(백산출판사)

이여진

대구보건대학교 호텔제과제빵학과 강사
대구여성회관 조리과 강사
경북농민사관학교 청년창업농 심화과정 과정장
전) 정화예술대학교 평생교육원 초빙교수

저서
흥미롭고 다양한 세계의 음식문화(광문각)
한식 디저트(백산출판사)
발효저장음식(백산출판사)
NCS 한식조리기능사 실기(백산출판사)
한식조리기능사 실기(백산출판사)

저자와의
합의하에
인지첩부
생략

사찰음식 이야기

2018년 11월 15일 초판 1쇄 발행
2023년 6월 30일 초판 4쇄 발행

지은이 묵신스님·강시화·이여진
펴낸이 진욱상
펴낸곳 (주)백산출판사
교　정 편집부
본문디자인 강정자
표지디자인 오정은

등　록 2017년 5월 29일 제406-2017-000058호
주　소 경기도 파주시 회동길 370(백산빌딩 3층)
전　화 02-914-1621(代)
팩　스 031-955-9911
이메일 edit@ibaeksan.kr
홈페이지 www.ibaeksan.kr

ISBN 979-11-88892-02-0 13590
값 28,000원